大数据与人工智能技术丛书

Python 程序设计案例教程

从入门到机器学习

—— 第2版 微课版 ——

◎ 张思民 编著

清华大学出版社

北京

内 容 简 介

本书是一本系统介绍 Python 应用程序设计方法的书籍。全书共分 11 章，主要内容包括 Python 语言快速入门、Python 语法速览、类与模块、图形用户界面设计、Python 的图像处理、文件与数据库编程（数据存储）、多线程与异常处理、网络程序设计、网络爬虫实战入门、数据分析与数据可视化、Python 机器学习实战入门。本书每章都配有相应的习题和视频教学，以帮助读者学习和理解。

本书内容由浅入深，循序渐进，讲解详细，示例丰富，每个知识点都配备了大量实例和图示加以说明，并用简短的典型示例进行详细分析和解释；每章均精心选编了经典案例，对读者学习会有很大帮助，可以让读者轻松上手。

本书可作为高等院校计算机及信息类专业、大数据专业、智能科学等专业"Python 语言"课程的教材，也可作为希望学习 Python 语言系统开发的读者的自学用书。

图书在版编目（CIP）数据

Python 程序设计案例教程：从入门到机器学习：微课版/张思民编著.—2 版.—北京：清华大学出版社，2021.5（2024.8重印）

（大数据与人工智能技术丛书）

ISBN 978-7-302-56769-1

Ⅰ．①P…　Ⅱ．①张…　Ⅲ．①软件工具 – 程序设计 – 教材　Ⅳ．①TP311.561

中国版本图书馆 CIP 数据核字（2020）第 211830 号

策划编辑：魏江江
责任编辑：王冰飞　张爱华
封面设计：刘　键
责任校对：时翠兰
责任印制：丛怀宇

出版发行：清华大学出版社
　　　　网　　址：https://www.tup.com.cn，https://www.wqxuetang.com
　　　　地　　址：北京清华大学学研大厦 A 座　　　　邮　　编：100084
　　　　社 总 机：010–83470000　　　　　　　　　邮　　购：010–62786544
　　　　投稿与读者服务：010-62776969，c-service@tup.tsinghua.edu.cn
　　　　质量反馈：010-62772015，zhiliang@tup.tsinghua.edu.cn
　　　　课件下载：https://www.tup.com.cn，010-83470236
印 装 者：三河市铭诚印务有限公司
经　　销：全国新华书店
开　　本：185mm×260mm　　印　　张：17.5　　　字　　数：423 千字
版　　次：2018 年 10 月第 1 版　2021 年 5 月第 2 版　印　　次：2024 年 8 月第 6 次印刷
印　　数：18001 ～ 19200
定　　价：49.80 元

产品编号：087997-01

第2版前言

党的二十大报告指出：教育、科技、人才是全面建设社会主义现代化国家的基础性、战略性支撑。必须坚持科技是第一生产力、人才是第一资源、创新是第一动力，深入实施科教兴国战略、人才强国战略、创新驱动发展战略，开辟发展新领域新赛道，不断塑造发展新动能新优势。高等教育与经济社会发展紧密相连，对促进就业创业、助力经济社会发展、增进人民福祉具有重要意义。

Python 语言是目前国内外广泛使用的程序设计语言之一，Python 语言功能丰富、表达能力强、使用方便灵活、程序执行效率高并且可移植性好。

本书第 1 版自 2018 年 10 月出版以来，得到了教师、学生和其他读者的广泛认同。距离本书第 1 版的出版时间已过去 2 年多，从服务教学、服务读者的角度考虑，教材内容应该跟上技术发展的步伐。第 1 版中的内容有不甚满意之处，有些内容不太实用，编排上也不尽合理，这些都促使作者着手编写本书的第 2 版。

根据作者的教学经验和读者建议，第 2 版保留了第 1 版的基本风格、基本框架和基本内容，还是首先进行原理性的介绍，然后通过实例讲解技术细节。

全书共 11 章，与第 1 版相比，第 2 版做了如下改动：重写了第 5 章 Python 的图像处理，重点介绍 Open CV 的使用方法及应用案例；第 8 章网络程序设计的内容做了较大修改；新增了第 9 章网络爬虫实战入门的内容；新增了第 10 章数据分析与数据可视化；在第 11 章 Python 机器学习实战入门中，增加了人脸识别及智能语音聊天机器人的案例。

建议教学安排（根据课程学时设置了两个课时分配方案）

章　节	方案 1/学时	方案 2/学时
第 1 章　Python 语言快速入门	2	2
第 2 章　Python 语法速览	4	8
第 3 章　类与模块	2	4
第 4 章　图形用户界面设计	4	8
第 5 章　Python 的图像处理	4	6
第 6 章　文件与数据库编程（数据存储）	4	8
第 7 章　多线程与异常处理	2	6
第 8 章　网络程序设计	2	8
第 9 章　网络爬虫实战入门	2	4
第 10 章　数据分析与数据可视化	2	4
第 11 章　Python 机器学习实战入门	4	6
合计	32	64

本书配套资源丰富，包括教学大纲、教学课件、电子教案、习题答案、程序源码和教学进度表；本书还提供 450 分钟的微课视频。

资源下载提示

课件等资源：扫描封底的"课件下载"二维码，在公众号"书圈"下载。

素材（源码）等资源：扫描目录上方的二维码下载。

视频等资源：扫描封底刮刮卡中的二维码，再扫描书中相应章节中的二维码，可以在线学习。

由于计算机及软件技术发展很快，加之作者水平有限，书中难免有不足和疏漏之处，希望广大读者与同行不吝赐教。

编　者

第1版前言

Python 是一种面向对象的解释型计算机程序设计语言。这门强大的语言如今在大学和一些大型软件开发公司中被广泛使用，其应用也越来越广。

本书从 Python 初学者的角度进行选材和编写，在编写过程中，注重基础知识和实战应用相结合。本书有以下几个特点：

（1）浅显易懂。本书从人们的认知规律出发，对每个概念都用简单的示例或图示来加以说明，并用短小的典型示例进行分析解释。

（2）内容新颖且实用。学习编程的目的是解决人们生活和生产实践中的问题，本书使用 Python 3.x 以上版本编写代码，大部分章节精选了实用案例，可以帮助解决读者在学习和实际应用过程中所遇到的一些困难和问题。

（3）结构安排合理。本书在体系结构的安排上将 Python 编程的基础知识和一般编程思想有机结合，对基础知识，重点介绍与其他编程语言不同的部分，而与其他编程语言相同的语法部分则简略介绍。因此，本书适合具有初步编程语言基础的读者学习。

本书共 9 章，其内容简单介绍如下。

第 1 章主要介绍 Python 的安装与配置、Python 程序编写规范和简单的 Python 程序示例。

第 2 章简要介绍 Python 的数据类型、列表和元组、字典和集合、程序的三大控制结构（顺序结构、分支结构、循环结构）及函数的基本语法与应用。

第 3 章主要介绍类与模块的基本知识，并介绍了使用 pip 安装和管理扩展模块的方法。

第 4 章主要介绍窗体容器、按钮和文本框等组件及界面布局管理等图形用户界面设计的方法，还介绍了鼠标与键盘事件及其应用示例。

第 5 章主要介绍绘图与数字图像处理的基本方法。

第 6 章主要介绍数据的存储，包括文件的读写、对 Excel 表格的处理、对 SQLite 数据库及 MySQL 数据库记录的增、删、改、查操作。

第 7 章主要介绍多线程、异常处理及正则表达式。

第 8 章主要介绍基于 TCP 及 UDP 的套接字编程和网络爬虫程序的设计，并介绍了爬取网络数据的几个典型案例，还介绍了 Python 在网络程序开发中的方法和技巧，旨在提升读者的开发技能，达到学以致用的目的。

第 9 章主要介绍常见数据结构，还介绍了两个 Python 的热门算法设计应用——数据分析和机器学习的应用案例。

建议教学安排（根据课程设置了两个课时分配方案）

章　节	方案 1/学时	方案 2/学时
第 1 章　Python 语言快速入门	2	2
第 2 章　Python 语法速览	4	8
第 3 章　类与模块	2	4
第 4 章　图形用户界面设计	4	8
第 5 章　绘图与图像处理	4	6
第 6 章　文件与数据库编程（数据存储）	6	12
第 7 章　多线程与异常处理	2	6
第 8 章　网络程序设计	6	14
第 9 章　算法设计及机器学习实战入门	2	4
合计	32	64

　　学编程必须动手才能见到成效，本书在设计上特别强调讲练结合，注重实践，不仅在讲解的过程中结合大量代码示例，同时适时穿插小项目演练，以锻炼读者的程序设计能力。

　　有很多人认为 Python 简单易学，但其实 Python 的复杂程度要远高于许多人的想象，诸多概念被隐藏在看似简单的代码背后。这也是 Python 易学难精的主要原因。因此，要强调动手实践，多编写、多练习，熟能生巧，从学习中体验到程序设计的乐趣和成功的喜悦，增强学习信心。

　　本书由张思民编著。梁维娜参加本书编写及程序测试工作，在此表示感谢。

编　者

2018 年 5 月

源码下载

目 录

第 1 章

视频讲解

Python语言快速入门

Python 是一种面向对象的解释型计算机编程语言。Python 语言具有通用性、高效性、跨平台移植性和安全性等特点，广泛应用于科学计算、自然语言处理、图形图像处理、游戏开发、Web 应用等方面，在全球范围内拥有众多开发者专业社群。

1.1　Python 的安装与配置

1. Python 的下载和安装

学习 Python 需要一个程序开发环境。只有安装并配置了 Python 系统开发环境之后，Python 程序才能运行。经过长期的发展，Python 同时流行两个不同的版本，分别是 2.7.x 和 3.x 版本。注意，这两个版本是不兼容的，本书是基于 3.x 版本编写的。

可以在 Python 的官方网站 https://www.python.org/downloads/下载 Python 安装包，如图 1.1 所示。

图 1.1　Python 安装包下载

下载 Python 安装包后，就可以运行安装程序。进入 Python 的安装界面，按照提示完成安装。

2. Python 在线帮助文档

Python 还提供非常完善的在线帮助文档，这是进行程序设计的工具。Python 在线帮助文档在 Python 安装目录的 doc 目录下，双击即可打开，如图 1.2 所示。

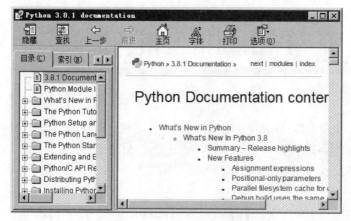

图 1.2　Python 在线帮助文档

1.2　运行 Python 程序

1.2.1　运行 Python 的方式

运行 Python 有两种方式：一种是命令行的交互方式；另一种是使用源程序的文件方式。

1. 命令行交互方式

选择"开始"→"所有程序"→Python→IDLE 菜单项，启动 Python 运行环境，进入交互编程方式。

在 IDLE 提示符"＞＞＞"后面输入单条 Python 语句，按 Enter 键执行该语句，马上就可以看到执行结果，如图 1.3 所示。

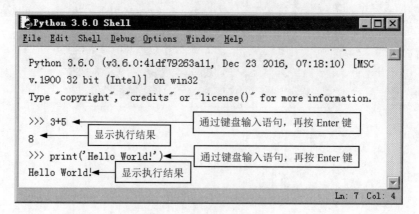

图 1.3　Python 交互方式

2. 使用源程序的文件方式

Python 应用程序的开发方式：使用文本编辑器，编写 Python 源程序，并保存成扩展名为 py 的文件。

Python 应用程序的开发过程如图 1.4 所示。

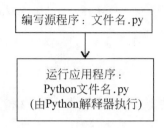

图 1.4　Python 程序的开发过程

1）建立 Python 源文件

要建立一个 Python 程序，首先创建 Python 的源代码，即建立一个文本文档，包括有符合 Python 规范的语句。

开发一个 Python 程序必须遵循如下基本原则：

- Python 程序中一行就是一条语句，语句结束不需要使用分号；
- Python 采用缩进格式标记一组语句，缩进量相同的是同一组语句，也称为程序段；
- 一条语句也可以分多行书写，用反斜杠（\）表示续行。

例如：

```
a = (3 + 2) * (6 - 4) * (8 + 6)\
* (12 - 5)
```

和

```
a = (3 + 2) * (6 - 4) * (8 + 6) * (12 - 5)
```

是相同的。

下面编写一个最简单的 Python 程序，这里用记事本或其他纯文本编辑器输入下列语句（不能使用 MS Word 等文字处理软件），如图 1.5 所示。

图 1.5　用记事本输入 Python 语句

将上述源代码保存到 D:\pytest 目录下，命名为 hello.py 文件。注意，由于程序中有汉字，故在保存文件时，需要将其保存为 utf-8（或 UTF-8）的编码格式。

2）运行程序

下面在命令控制台窗口中运行程序。

在命令控制台窗口中，在提示符"D:\pytest＞"后输入程序并运行：

python hello.py

注意：如果当前目录不是"D:\pytest"，则应使用 cd 命令，进入该目录，如图 1.6 所示。

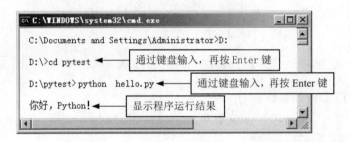

图 1.6　运行 hello.py 程序

1.2.2　Python 编写规范

1. 标识符命名规则

（1）文件名、类名、模块名、变量名、函数名等标识符的第一个字符必须是字母表中字母或下画线（_）。

（2）标识符的其他部分由字母、数字和下画线组成，且标识符区分大小写字母。

（3）源文件的扩展名为 py。

2. 代码缩进

Python 程序依靠代码块的缩进来体现代码之间的逻辑关系。通常，以 4 个空格或制表符（按 Tab 键)为基本缩进单位。缩进量相同的一组语句，称为一个语句块或程序段。需要注意的是，空格的缩进方式与制表符的缩进方式不能混用。

3. 程序中的注释语句

注释是程序中的说明性文字，是程序的非执行部分。它的作用是为程序添加说明，增加程序的可读性。Python 语言使用两种方式对程序进行注释：

（1）单行注释以"#"符号和一个空格开头。如果在语句行内注释（即语句与注释同在一行），注释语句符与语句之间至少要用两个空格分开。

例如：

```
print('Hello')  # 输出显示语句
```

（2）多行注释用 3 个单引号'''或 3 个双引号"""将注释括起来。

例如：

```
'''
这是多行注释，用3个单引号
这是多行注释，用3个单引号
这是多行注释，用3个单引号
'''
```

4. 代码过长的折行处理

当一行代码较长，需要折行（换行）时，可以使用反斜杠"\\"延续行。

例如：

```
io3 = can.create_oval(65,70,185,170, outline='yellow', fill='yellow')
```

可以写成：

```
io3 = can.create_oval(65,70,185,170, \
                      outline='yellow', \
                      fill='yellow')
```

5. Python 对中文的支持

Python 对中文的支持很全面，但由于字符各种编码不统一，在处理 Python 语言的中文字符时，有时需要进行一定的设置。

（1）在交互命令行中使用中文，不需要进行任何处理，一般不会出现乱码。

（2）对于包含有中文的程序语句，在保存文件时，要将程序文件保存为 utf-8 的编码格式，如图 1.7 所示。

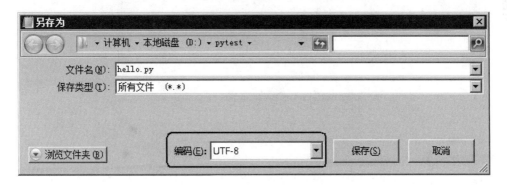

图 1.7　将程序保存为 utf-8 的编码格式

（3）如果一个包含有中文的程序在运行时提示"SyntaxError:non-utf-8 code starting with \xc4'in file"，可以在程序前面加上语句：

```
#-*- coding:utf-8 -*-   或   # coding=gbk
```

则程序就能正常运行了。

1.3   编写简单的 Python 程序

【例 1.1】   在命令窗口中显示输出内容的程序。
程序代码如下:

```
str = 'Python 语言入门很简单。\n明白了吗?'
print(str)
```

操作步骤如下:
(1) 在编辑工具中输入上述程序,如图 1.8 所示。

```
str = 'Python 语言入门很简单。\n 明白了吗?'

print (str)
```

图 1.8   在编辑工具中输入程序

将编写好的源程序保存为 ex1_1.py。
(2) 执行程序:

```
python ex1_1.py
```

其运行结果如图 1.9 所示。

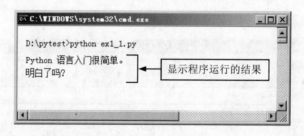

图 1.9   运行结果

【程序说明】
    print()为命令窗口输出语句,输出语句中的“\n”是换行符,换行符后面的字符将在下一行显示。
【例 1.2】   输出语句 print()有“原样照印”及简单计算功能。

```
print ('5 + 3 = ', 5+3)
```
◀── 用单引号括起来的'5+3='将按原样显示,称为“原样照印”。而没有用单引号括起来的5+3将进行加法计算

将其保存为 ex1_2.py。运行程序:

```
python ex1_2.py
```

其运行结果如图 1.10 所示。

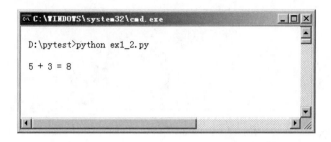

图 1.10 输出语句的"原样照印"及运算功能

【例 1.3】 应用输出语句的"原样照印"功能,输出一个用"*"号组成的直角三角形。
程序代码如下:

```
print('*')
print('* *')
print('* * *')
print('* * * *')
```

将其保存为 ex1_3.py,运行程序:

```
python  ex1_3.py
```

其运行结果如图 1.11 所示。

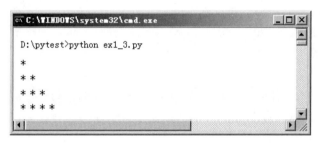

图 1.11 输出用"*"组成的直角三角形

【例 1.4】 在窗体中显示输出的内容。
程序代码如下:

```
import tkinter
top = tkinter.Tk()
label1 = tkinter.Label(top, text = '在窗体中显示输出内容!')
label1.pack()
top.mainloop()
```

将其保存为 ex1_4.py,运行程序:

```
python  ex1_4.py
```

其运行结果如图 1.12 所示。

图 1.12　Python 窗体程序的运行结果

【程序说明】
（1）程序的第 1 行：

```
import tkinter
```

是一条导入模块的 import 语句。import 语句为编译器找到程序使用的 tkinter 模块。
（2）程序的第 2 行：

```
top = tkinter.Tk()
```

表示创建一个顶层窗体对象。Tk 是模块 tkinter 的类，通过 tkinter.Tk()创建窗体对象。
（3）程序的第 3 行：

```
label1 = tkinter.Label(top, text = '在窗体中显示输出内容!')
```

使用 tkinter 模块的 Label 标签，显示文字内容。
（4）程序的第 4 行：

```
label1.pack()
```

表示把 Label 标签加入窗体中。pack 是一个顺序排列方式的布局管理器，语句 label1.pack()
表示 Label 标签调用 pack()函数将自己加入窗体容器中。
（5）程序的第 5 行：

```
top.mainloop()
```

表示事件循环，使窗体一直保持显示状态。
【例 1.5】　在窗体中显示一幅图像。
程序代码如下：

```
import tkinter
top = tkinter.Tk()
img = tkinter.PhotoImage(file = 'dukou.gif')
label1 = tkinter.Label(image = img, height = 390, width = 330)
label1.pack()
top.mainloop()
```

将其保存为 ex1_5.py，并且在同一文件夹中事先存放了图像文件 dukou.gif。运行程序：

```
python  ex1_5.py
```

其运行结果如图 1.13 所示。

图 1.13　在窗体中显示图像

习　题　1

1．简述 Python 开发环境的建立过程。

2．为什么要为程序添加注释？在 Python 程序中如何为程序添加注释？

3．在计算机中建立一个名为 pytest 的工作目录，在其中保存例 1.1～例 1.5 的源程序，并运行程序。

4．仿照例 1.1，编写并运行 Python 应用程序，显示"多动手练习，才能学好 Python。"。

5．仿照例 1.2，编写并运行 Python 应用程序，计算并显示"1*2*3*4*5"的运算结果。

6．仿照例 1.4，编写并运行 Python 应用程序，在窗体中显示"我对学习 Python 很痴迷!"。

7．仿照例 1.5，编写并运行 Python 应用程序，在窗体中显示一张图片。

第 2 章

Python语法速览

本章主要介绍 Python 语言中的常量与变量、基本数据类型、运算符、语句、数组等基础知识，熟悉这些知识是正确编写程序的前提条件。程序语言本质上就是一种语言，语言的目的在于让人们能与特定对象进行交流，只不过程序语言交流的对象是计算机。学习 Python 语言，就是用 Python 编写程序告诉计算机，希望计算机做哪些事、完成哪些任务。Python 既然是语言，就有其规定的语法规则。本章主要介绍 Python 语言的基本语法和使用规则。

2.1　Python 的数据类型

视频讲解

Python 定义了 6 组标准数据类型：

* Number（数字）；
* String（字符串）；
* List（列表）；
* Tuple（元组）；
* Sets（集合）；
* Dictionary（字典）。

1. 数字类型

数字类型包括整数 int、浮点数 float、复数 complex 和布尔值 bool 共 4 种类型。

Python 的数据类型在使用时，不需要先声明，可以直接使用。

例如：

```
x = 13                    # x为整数
r = 3.14                  # r为浮点数
a = 3 + 4j                # a为复数
```

布尔值类型是一种特殊的数据类型，表示真（true）/假（false）值，它们分别映射为整数 1 和 0。

2. 字符串

用单引号或双引号括起来的字符序列称为字符串。

例如，'abc'、'123'、"Hello"和"你好"都是字符串。

在 Python 中定义了很多处理字符串的内置函数和方法（函数是直接调用的，方法需要通过对象用"."运算符调用），现介绍几个常用的字符串函数和方法。

1）str()函数

str()函数可以将数字对象、列表对象、元组等转换为字符串。

例如：

```
>>> str(1+2)
'3'          ← 输出用单引号括起来的字符
>>> str([1,2,3,4])
'1,2,3,4'
```

2）find()方法

find()方法可以查找字符子串在原字符串中首次出现的位置，如果没有找到，则返回-1。

例如：

```
>>> s = "ABCDE12345"
>>> s.find("CD")
   2          ← 输出结果，位置从 0 开始起算
```

3）lower()方法

lower()方法可以将字符串中的大写字母转换为小写字母。

例如：

```
>>> s = "ABCDE12345"
>>> s1 = s.lower()
>>> s1
   abcde12345  ← 输出结果
```

4）split()方法

split()方法按指定的分隔符将字符串拆分成多个字符子串，返回值为列表。

例如：

```
>>> s = 'AB,CD,123,xyz'
>>> s.split(sep=',')
   ['AB','CD','123','xyz']  ← 输出结果
```

5）strip()方法

strip()方法用于删除字符串头尾指定的字符（默认为空格）。

例如：

```
>>> str = "*****this is string example...wow!!!*****"
>>> print(str.strip('*'))
this is string example...wow!!!  ← 输出结果
```

6）字符串的连接

运算符"+"可以执行两个字符串的相加，产生新的字符串。

例如：

```
>>> x = "12"
>>> x = "34"
>>> print(x + y)
>>> 1234
```

两个字符串相加的结果是这两个字符连接

7）字符串转换为数值

函数 int()可以将一个数字字符串转换为整数，函数 eval()可以将数字字符串转换为实数。例如：

```
x1 = "111"
x2 = "222"
x3 = x1 + x2
print(x3)
x4 = int(x1) + int(x2)
print(x4)
```

把字符串转换为整数

```
y1 = "3.14"
y2 = "2.51"
y3 = eval(y1) + eval(y2)
print(y3)
```

把字符串转换为实数

运行结果为：

```
111222
333
5.65
```

3. 转义符

在 Python 语言中提供了一些特殊的字符常量，这些特殊字符称为转义符。通过转义符可以在字符串中插入一些无法直接输入的字符，如换行符、引号等。每个转义符都以反斜杠（\）为标志。例如，'\n'代表一个换行符，这里的'n'不再代表字母 n 而作为换行符号。常用的以 "\" 开头的转义符如表 2.1 所示。

表 2.1　常用的以 "\" 开头的转义符

转义符	意义
\b	退格
\f	走纸换页
\n	换行
\r	回车
\t	横向跳格 (Ctrl+I)
\'	单引号
\"	双引号
\\	反斜杠

视频讲解

2.2 列表和元组

列表是 Python 中使用最频繁的数据类型。系统为列表分配连续的内存空间。

2.2.1 列表定义与列表元素

1. 列表的定义

列表定义的一般形式为:

```
列表名 = [元素0,元素1,…,元素n]
```

说明:

(1)列表名的命名规则跟变量名一样,不能用数字开头。

(2)方括号中的元素之间用逗号分隔。

(3)当列表增加或删除元素时,内存空间自动扩展或收缩。

(4)列表中元素的类型可以不相同,它支持数字、字符串,可以包含列表(称为嵌套列表)。

例如:

```
a1 = [ ];                          # 定义空列表
a2 = [1, 2, 3];                    # 定义3个整数的列表
a3 = ['red', 'green', 'blue'];     # 定义3个字符串的列表
a4 = [5, 'blue', [3, 4]];          # 定义元素类型不相同的嵌套列表
```

2. 列表中元素的访问

(1)列表元素用"列表名[下标]"表示。

例如:设有 5 名学生的成绩列表

```
a = [ 82, 94, 65, 77, 86 ]
```

其元素分别为 a[0] = 82,a[1] = 94,a[2] = 65,a[3] = 77,a[4] = 86。

(2)用"列表名[起始下标:结束下标 + 1]"表示列表的片段(列表的部分元素)。

例如:设有列表

```
a = [ 0, 1, 2, 3, 'red', 'green', 'blue']
```

用交互方式访问其列表的部分元素。

```
>>> a = [ 0, 1, 2, 3, 'red', 'green', 'blue']
>>> a[0]
0
>>> a[5]
'green'
>>> a[3:]        ◄── 截取从下标为 3 开始的所有元素
[3, 'red', 'green', 'blue']
```

```
>>> a[3:5]
[3, 'red']
>>> a[:2]
[0, 1]
```

截取从下标为 3 开始到下标为 4 结束的元素

截取从首元素开始到下标为 2 结束的元素

2.2.2 列表的操作函数

1. 添加元素
可以在列表中添加元素的 3 个函数为 append()、extend()和 insert()。
1)用 append()函数在列表末尾添加元素
例如:

```
>>> lst = [ 0, 1, 2, 3]
>>> lst.append(4)
>>> lst
[0, 1, 2, 3, 4]
```

用 append()添加元素

显示添加后的结果

2)用 extend()函数将另一个列表的元素添加到本列表之后
例如:

```
>>> a = [1, 2, 3]
>>> b = ['x', 'y']
>>> a.extend(b)
>>> a
[1, 2, 3, 'x', 'y']
```

用 extend()把列表 b 的元素添加到列表 a 之后

3)用 insert()函数将元素插入列表中指定的某个位置
使用 insert()函数的格式为:

```
insert(下标位置，插入的元素)
```

例如:

```
>>> lst = [1, 2, 3]
>>> lst.insert(2,'x')
>>> lst
[1, 2, 'x', 3]
```

用 insert()在下标 2 处插入元素'x'

2. 删除元素
1)用 del 命令删除列表中指定下标的元素
例如:

```
>>> lst = [1, 2, 3]
>>> del lst[1]
>>> lst
[1, 3]
```

用 del 命令删除下标 1 位置的元素

显示删除后的结果

2)用 pop()函数删除列表中指定下标的元素
例如:

```
>>> b = ['x', 'y', 'z']
>>> b.pop(1)
'y'          ◄──── 显示被删除的元素
>>> b
['x', 'z']
```

3）用 remove(x)函数删除列表中值为'x'的元素

例如：

```
>>> a = [0, 1, 2, 3]
>>> a.remove(2)   ◄──── 删除列表中值为 2 的元素
>>> a
[0, 1, 3]
```

3. 查找元素位置

用 index()函数可以确定元素在列表中第 1 次出现的位置。

例如：

```
>>> str = ['red', 'green', 'blue']
>>> str.index('blue')
2      ◄──── 显示指定元素所在的下标位置
```

4. 对列表元素排序

用 sort()函数可以对列表元素进行排序。sort()函数默认为按升序（从小到大）排序，若要按降序（从大到小）排序，则使用参数 reverse=true。

例如：

```
>>> a = [84, 15, 27, 63, 41]
>>> a.sort()
>>> a                      ◄──── 默认为升序排序
[15, 27, 41, 63, 84]
>>> a.sort(reverse=True)
>>> a                      ◄──── 指定为降序排序
[84, 63, 41, 27, 15]
```

5. 清空列表

用 clear()函数可以清空列表中的元素。

例如：

```
>>> a = [0, 1, 2, 3]
>>> a.clear()
>>> a
[]    ◄──── 空列表
```

2.2.3 元组

元组和列表一样，也是一种元素序列。元组是不可变的，元组一旦创建，就不能添加或删除元素，元素的值也不能修改。

1. 元组的创建

用一对括号创建元组。

例如：

```
>>> a = (1, 2, 3)          创建元组 a
>>> a
(1, 2, 3)
>>> b = ('数学', '英语', 'C语言')    创建元组 b
>>> b
('数学', '英语', 'C语言')
```

2. 元组的删除

只能用 del 命令删除整个元组，而不能仅删除元组中的部分元素，因为元组是不可变的。

例如：

```
>>> a = (1, 2, 3)          创建元组 a
>>> a
(1, 2, 3)
>>> del a                  删除元组 a
>>> a
Traceback(most recent call last):
  File "<pyshell#47>", line 1, in <module>
    a                      显示元组 a 没有定义的错误提示
NameError: name 'a' is not defined
```

2.3　字典和集合

视频讲解

2.3.1　字典

Python 的字典是包含多个元素的一种可变数据类型，其元素由"键-值"对组成，即每个元素包含"键"和"值"两部分。

1. 字典的定义

用大括号{}把元素括起来就构成了一个 Python 字典对象。

字典中的元素用"字典名[键名]"表示。

例如：

```
>>> D = {'ID': 1001, 'name': '张大山', 'age': 22}    创建字典 D
>>> D
{'ID': 1001, 'name': '张大山', 'age': 22}    显示字典 D 中的元素
>>> D['ID']
1001
>>> D['name']    通过字典元素的键名显示值
'张大山'
```

2. 字典元素的修改

通过为键名重新赋值的方式修改字典元素的值。

例如：

```
>>> uil = {'name': 'http', 'port': 80}
>>> uil['name'] = 'ftp'
>>> uil['port'] = 21
>>> uil
{'name': 'ftp', 'port': 21}
```

通过键名为元素重新赋值

3. 字典元素的添加

添加字典元素，也是使用赋值方式。

例如：

```
>>> D = {'ID': 1001, 'name': '张大山', 'age': 22}
>>> D['sex'] = '男'
>>> D
{'ID': 1001, 'name': '张大山', 'age': 22, 'sex': '男'}
```

新的键名赋值

字典 D 新增的元素

4. 字典元素的删除

用 del 命令可以删除字典中指定的元素，用 clear() 可以删除所有元素。

例如：

```
>>> D = {'ID': 1001, 'name': '张大山', 'age': 22}
>>> del D['age']
>>>D
{'id': 1001, 'name': '张大山'}
>>> D.clear()
>>> D
{ }
```

删除字典 D 中键名为'age'的元素

删除字典 D 中所有的元素

字典 D 中元素为空

2.3.2 集合

集合是一个无序不可重复的序列，是 Python 的一种基本数据类型。

集合分为可变集合（set）和不可变集合（frozenset）两种类型。可变集合的元素是可以添加、删除的，而不可变集合的元素不可添加、不可删除。

1. 集合的定义

集合用一对大括号{}把元素括起来，元素之间用逗号（,）分隔。

例如：

```
s1 = {1, 2, 3, 4, 5}
s2 = {'a','b','c','d'}
```

上述 s1 和 s2 都是集合。

2. 集合的创建

使用 set()函数创建一个集合。

例如：

```
>>> a = set('abc')
>>> a
{'c','a','b'}  ← 元素无序
```

又如：

```
>>> s = set('book')
>>> s
{'o','k','b'}  ← 元素不重复
```

3. 集合元素的添加

Python 中有两种方法用于添加集合元素，分别是 add()和 update()。

1）使用 add()添加元素

add()把要传入的元素作为一个整体添加到集合中。

例如：

```
>>> a = set('boy')
>>> a.add('python')
>>>a
{'o','y','python','b'}  ← python 作为一个整体添加到集合中
```

2）使用 update()添加元素

update()把要传入的元素拆分，作为个体添加到集合中。

例如：

```
>>> b = set('boy')
>>> b.update('python')
>>>b
{'o','y','p','b','t','h','n'}  ← python 拆分成个体添加到集合中
```

4. 集合元素的删除

用 remove()可以删除集合中的元素。

例如：

```
>>> a = set('boy')
>>> a.remove('y')
>>> a
{'o','b'}
```

5. 集合的专用操作符

集合有 4 个专用操作符：&（交集）、|（并集）、-（差集，又称为"相对补集"）和^（对称差分集）。

设有两个集合 a 和 b，其关系如下：

- a & b，表示两个集合的共同元素；
- a | b，表示两个集合的所有元素；
- a - b，表示只属于集合 a，不属于集合 b 的元素；
- a ^ b，表示两个集合的非共同元素。

例如：

```
>>> a = set('abc')
>>> b = set('cdef')
>>>
>>> a & b
{'c'}
>>>
>>> a | b
{'c','d','b','f','a','e'}
>>>
>>> a - b
{'a','b'}
>>>
>>> a ^ b
{'d','b','f','a','e'}
```

交集

并集

差集

对称差分集

2.4　程序控制结构

视频讲解

2.4.1　顺序控制语句

顺序控制是指计算机在执行这种结构的程序时，从第一条语句开始，按从上到下的顺序依次执行程序中的每一条语句。

1．输出语句

在 Python 中使用 print()函数输出数据。

1）直接输出

字符串、数值、列表、元组、字典等类型都可以用 print()函数直接输出。

例如：

```
>>>print("runoob")
runoob
>>> print(100)
100
>>> str = 'runoob'
>>> print(str)
runoob
>>> L = [1,2,'a']
>>> print(L)
[1, 2, 'a']
>>> t = (1,2,'a')
>>> print(t)
(1, 2, 'a')
>>> d = {'a':1, 'b':2}
>>> print(d)
{'a': 1, 'b': 2}
```

输出字符串

输出数字

输出变量

输出列表

输出元组

输出字典

2）格式化输出

print()函数可以使用 % 格式化输出数据。常用的格式化输出符号如表2.2所示。

表2.2　常用的格式化输出符号

符号	说明
%c	格式化字符及其 ASCII 码
%s	格式化字符串
%d	格式化整数
%e	用科学记数法格式化浮点数

【例2.1】　格式化输出及控制换行输出示例。

程序代码如下：

```
print('%d %d %s' %(15, 3.14, 12.8))
name = '张大山'
count = 1
score = 95
str = '%s 第%d 次参加数学竞赛取得了第%d 名的好成绩。'
print(str %(name, count, score))
```
格式化输出变量的值

```
print('%8.4f'%3.14159)    # 字段宽为8, 精度为4
```

```
for i in range(1,4):
    print(i)
```
输出时自动换行

```
for i in range(0,6):
    print(i, end=' ')
```
输出时不换行

将程序保存为 ex2_1.py。

运行程序：

```
python ex2_1.py
```

程序运行结果如下：

```
15 3 12.8
张大山第1次参加数学竞赛取得了第2名的好成绩。
  3.1416
1
2
3
0 1 2 3 4 5
```

2. 输入语句

在 Python 中，使用 input()函数输入数据。input()函数只能输入字符数据。当需要输入数值型数据时，可以使用 eval()函数将字符转换为数值。

【例2.2】　输入两个数，并计算两数之和。

程序代码如下：

```
print("输入一个整数：")
a = eval(input())
print("输入一个实数：")
b = eval(input())
str = input()
print(str)
c = a + b
print("c =",a,"+",b,"=",c)
```

将程序保存为 ex2_2.py。

运行程序：

```
python ex2_2.py
```

程序运行结果如下：

输入一个整数：
<u>3　↙</u>
输入一个实数：
<u>4.5　↙</u>　　　　　◀── 下画线表示由用户输入的数据，"↙"表示按 Enter 键
<u>运行结果为：↙</u>
运行结果为：
c = 3 + 4.5 = 7.5

【例 2.3】 交换两个变量的值。

在编写程序时，有时需要把两个变量的值互换，Python 在交换值的运算时不需要用中间变量。

程序代码如下：

```
a,b = 3,5
print('a,b =',a,b)
a,b=b,a
print('a,b =',a,b)
```

将程序保存为 ex2_3.py。

运行程序：

```
python  ex2_3.py
```

程序运行结果如下：

```
a,b = 3 5
a,b = 5 3
```

2.4.2　if 选择语句

1. 单分支选择结构

if 语句用于实现选择结构。它判断给定的条件是否满足，并根据判断结果决定执行某个分支的程序段。对于单分支选择语句，其的语法格式为：

```
if 条件表达式:      ←——  条件表达式的冒号必不可少
    语句块       ←——  语句块的代码缩进 4 个空格
```

这个语法的意思是，当条件表达式给定的条件成立（true）时，就执行其中的语句块；若条件不成立（false），则跳过这部分语句，直接执行后续语句，其流程如图 2.1 所示。

【例 2.4】 任意输入两个整数，按从小到大的顺序依次输出这两个数。

从键盘上输入的两个数 a、b，如果 a < b，本身就是从小到大排列的，可以直接输出。但如果 a > b，则需要交换两个变量的值，其算法流程如图 2.2 所示。

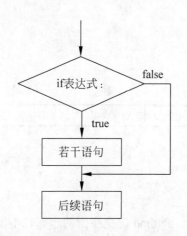

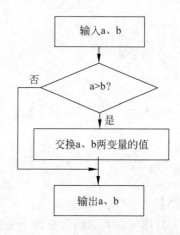

图 2.1　单分支的 if 条件语句执行流程　　　图 2.2　按从小到大排列的顺序输出两数

程序代码如下：

```python
print("输入第一个数: ")
a = eval(input())
print("输入第二个数: ")
b = eval(input())
print("排序前: ", a, b)
if a>b:      ←——  判断条件，当 a>b 时，执行语句块；当 a<b 时，跳过该语句块
    a,b = b,a
print("排序后: ", a, b)
```

将程序保存为 ex2_4.py。
程序运行结果如下：

```
输入第一个数: 8 ✓
输入第二个数: 5 ✓
排序前: 8, 5
排序后: 5, 8
```

【例 2.5】 对给定的 3 个数，求最大数的平方。

设一变量 max 存放最大数，首先将第一个数 a 放入变量 max 中，再将 max 与其他数逐一比较，较大数存放到 max 中；当所有数都比较结束之后，max 中存放的一定是最大数，其算法流程如图 2.3 所示。

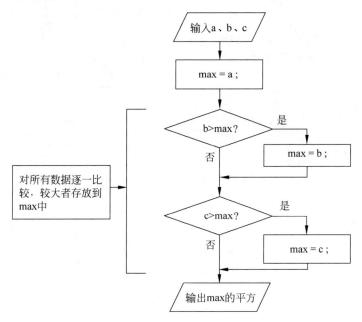

图 2.3　求 3 个数中最大数的平方的算法流程

程序代码如下：

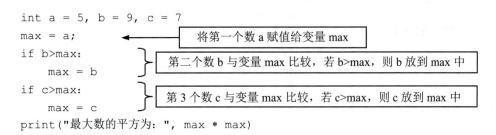

```
int a = 5, b = 9, c = 7
max = a;                    将第一个数 a 赋值给变量 max
if b>max:
    max = b                 第二个数 b 与变量 max 比较，若 b>max，则 b 放到 max 中
if c>max:
    max = c                 第 3 个数 c 与变量 max 比较，若 c>max，则 c 放到 max 中
print("最大数的平方为：", max * max)
```

将程序保存为 ex2_5.py。

程序运行结果如下：

最大数的平方为：81

2. 双分支选择结构

有时，需要在条件表达式不成立时执行不同的语句，可以使用另一种双分支选择结构的条件语句，即 if…else 语句。双分支选择结构的语法格式为：

```
if 条件表达式：
    程序段1
else：
    程序段2
```

这个语法的意思是，当条件式成立 (true) 时，执行语句块 1；否则(else)，就执行语句块 2。对于双分支选择类型的条件语句，其流程如图 2.4 所示。

if…else 语句的扩充格式是 if…else if。一个 if 语句可以有任意个 if…else if 部分，但只能有一个 else。

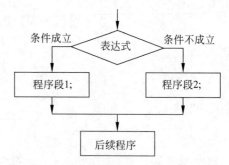

【例 2.6】 计算 $y = \begin{cases} \sqrt{x^2 - 25} & x \le -5或x \ge 5 \\ \sqrt{25 - x^2} & -5 < x < 5 \end{cases}$

程序代码如下：

图 2.4 双分支选择结构的条件语句的执行流程

```python
import math
x=float(input("请输入x:"))
if x < 5 and x > -5:
    y = math.sqrt(25 - x * x)
else:
    y = math.sqrt(x * x - 25)
print("y = ", y)
```

将程序保存为 ex2_6.py。
运行程序：

```
python ex2_6.py
```

程序运行结果如下：

```
4 ↙          ← 从键盘输入 4，并按 Enter 键
y = 3.0
```

3. 多分支选择结构

当处理多种条件问题时，就要使用多分支结构，其语法格式为：

```
if 条件表达式1:
    程序段1
elif条件表达式2:
    程序段2
    ⋮
elif条件表达式n:
    程序段n
else:
    程序段n+1
```

【例 2.7】 将百分制转换为五分制。
程序代码如下：

```
a=int(input("请输入百分制成绩："))
b=0
if a>=90:
    b=5
elif a>=80:
    b=4
elif a>=70:
    b=3
elif a>=60:
    b=2
else:
    b=1
print(a,"对应的五分制为：",b)
```

将程序保存为 ex2_7.py。

运行程序：

```
python ex2_7.py
```

程序运行结果如下：

```
请输入百分制成绩：83
83对应的五分制为：4
```

2.4.3 循环语句

在程序设计过程中，经常需要将一些功能按一定的要求重复执行多次，多次重复执行的这一过程称为循环。

循环结构是程序设计中一种很重要的结构。其特点是，在给定条件成立时，反复执行某程序段，直到条件不成立为止。给定的条件称为循环条件，反复执行的程序段称为循环体。

Python 中的循环语句包括 for 循环语句和 while 循环语句。

1. for 循环语句

for 循环语句一般形式的语法结构如下：

```
for 循环变量 in range(循环初值，循环终值，步长值)：
    循环体语句块 ←──────────────────  循环体
```

for 循环语句的执行过程是这样的：首先执行循环变量赋初值，完成必要的初始化工作；再判断循环变量是否小于终值，若循环条件满足，则进入循环体中执行循环体的语句；执行完循环体之后，循环变量增加一个步长值，以改变循环条件，这一轮循环就结束了。第二轮循环又从判断增加步长值后的循环变量是否小于终值开始，若循环条件仍能满足，则继续循环；否则跳出整个 for 语句，执行后续语句。for 循环语句的执行过程如

图 2.5 所示。

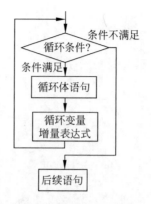

图 2.5 for 循环语句的执行过程

当循环变量的步长值为 1 时，可以省略，即可写成：

```
for 循环变量 in range(循环初值, 循环终值):
    循环体语句块
```

【例 2.8】 求从 1 加到 9 的和。

程序代码如下：

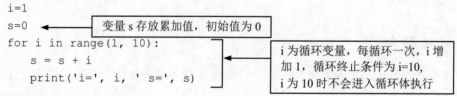

```
i=1
s=0
for i in range(1, 10):
    s = s + i
    print('i=', i, ' s=', s)
```

将程序保存为 ex2_8.py。

运行程序：

```
python ex2_8.py
```

程序运行结果如下：

```
i=1    s=1
i=2    s=3
i=3    s=6
i=4    s=10
i=5    s=15
i=6    s=21
i=7    s=28
i=8    s=36
i=9    s=45
```

在 for 循环中，循环变量的值在循环体内发生改变，并不会影响循环次数。

【例 2.9】 在循环体内改变循环变量的值，观察循环次数。

程序代码如下：

```
i=1
s=0;
for i in range(1, 10):
    i=i+2
    s = s + i
    print('i=', i, '  s=', s)
```

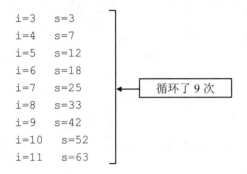

将程序保存为 ex2_9.py。

运行程序：

```
python ex2_9.py
```

程序运行结果如下：

```
i=3    s=3
i=4    s=7
i=5    s=12
i=6    s=18
i=7    s=25
i=8    s=33
i=9    s=42
i=10   s=52
i=11   s=63
```

循环了 9 次

但是，如果把程序改写成：

```
i=1
s=0;
for i in range(1, 10, 2):
    s = s + i
    print('i=',i,'  s=',s)
```

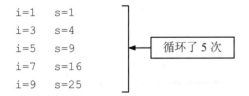

则程序运行结果如下：

```
i=1    s=1
i=3    s=4
i=5    s=9
i=7    s=16
i=9    s=25
```

循环了 5 次

在 for 循环中，可以使用 continue 语句结束本次循环，也可以使用 break 语句跳出循环体，从而结束整个循环。

【例 2.10】　计算 10 以内的偶数和。

程序代码如下：

```
i=1
s=0
for i in range(1, 11):
```

```
    if i%2 == 1:          循环变量i为奇数，则结束
        continue
    s = s + i
    print('i=', i, '  s=', s)
```

在本例中，"i%2 == 1"表示循环变量i为奇数。当i取奇数时，结束本次循环，继续取下一个数来判断；若i为偶数，则计算求和。

将程序保存为ex2_10.py。

运行程序：

```
python ex2_10.py
```

程序运行结果如下：

```
i=2    s=2
i=4    s=6
i=6    s=12
i=8    s=20
i=10   s=30
```

【例2.11】 设有列表 s = ['Python', 'Java', 'C++/C', 'PHP', 'JavaScript']，应用循环遍历列表所有元素，并在屏幕上显示。

程序代码如下：

```
s = ['Python', 'Java', 'C++/C', 'PHP', 'JavaScript']
for i in s:          遍历列表中所有元素
    print(i)
```

将程序保存为ex2_11.py。

运行程序：

```
python ex2_11.py
```

程序运行结果如下：

```
Python
Java
C++/C
PHP
JavaScript
```

2. while 循环语句

while 循环语句一般形式的语法结构如下：

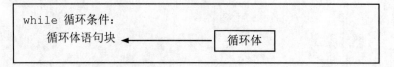

while循环语句的执行过程是这样的：首先判断循环条件是否为true，若循环条件为true，则执行循环体中的语句；若为 false，则终止循环。while 循环语句的流程图如图 2.6 所示。

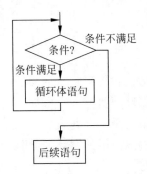

图 2.6　while 循环语句的流程图

【例 2.12】　求 10!。

计算 n!，由于 $p_n = n! = n * (n-1) * (n-2) * \cdots * 2 * 1 = n * (n-1)!$，因此可以得到递推公式：

```
pₙ = n * pₙ₋₁
pₙ₋₁ = (n - 1) * pₙ₋₂
    ⋮
p₁ = 1
```

可以用一个变量 p 来存放推算的值，当循环变量 n 从 1 递增到 10 时，用循环执行 p = p *n，每次 p 的新值都是原 p 值的 n 倍，最后递推求到 10!。

程序代码如下：

```
n=1
p=1
while n<11:
    p = p * n
    print('n=', n, ' p=', p)
        n += 1
```

循环变量 n 在循环体为增加 1

将程序保存为 ex2_12.py。
运行程序：

```
python ex2_12.py
```

程序运行结果如下：

```
n=1    p=1
n=2    p=2
n=3    p=6
n=4    p=24
n=5    p=120
```

```
n=6    p=720
n=7    p=5040
n=8    p=40320
n=9    p=362880
n=10   p=3628800
```

3. 循环嵌套

循环可以嵌套,在一个循环体内包含另一个完整的循环,叫作循环嵌套。循环嵌套运行时,外循环每执行一次,内层循环要执行一个周期。

【例2.13】 应用循环嵌套,编写乘法九九表程序。

算法分析:用双重循环控制输出,用外循环变量 i 控制行数,i 为 1~9。内循环变量 j 控制列数,由于 i∗j=j∗i,故内循环变量 j 为 1~i。外循环变量 i 每执行一次,内循环变量 j 执行 i 次。

程序代码如下:

```
for i in range(1,10):
 for j in range(1,i+1):
     print(i,'×',j,'=',i*j, end=" ")
 print('')
```

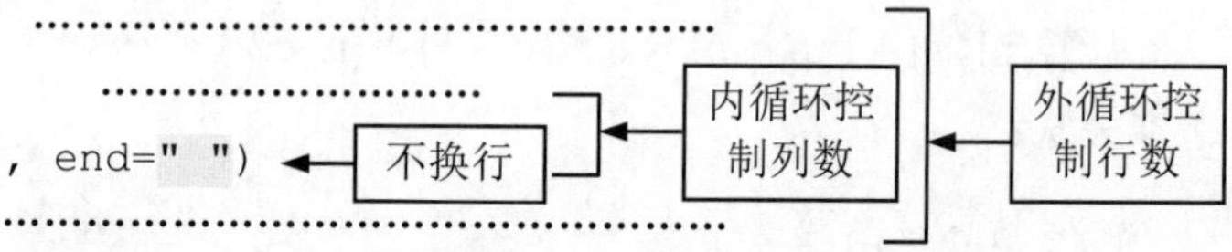

其中,print()中的 end=" "表示不换行输出。

将程序保存为 ex2_13.py。

运行程序:

```
python ex2_13.py
```

程序运行结果如下:

```
1×1=1
2×1=2    2×2=4
3×1=3    3×2=6    3×3=9
4×1=4    4×2=8    4×3=12   4×4=16
5×1=5    5×2=10   5×3=15   5×4=20   5×5=25
6×1=6    6×2=12   6×3=18   6×4=24   6×5=30   6×6=36
7×1=7    7×2=14   7×3=21   7×4=28   7×5=35   7×6=42   7×7=49
8×1=8    8×2=16   8×3=24   8×4=32   8×5=40   8×6=48   8×7=56   8×8=64
9×1=9    9×2=18   9×3=27   9×4=36   9×5=45   9×6=54   9×7=63   9×8=72   9×9=81
```

【例2.14】 应用循环嵌套打印出由"∗"组成的直角三角形图形,如图2.7所示。

```
    *
   **
  ***
 ****
*****
```

图2.7 由"∗"组成的直角三角形图形

程序代码如下：

```
for i in range(1,6):
    for j in range(1,6):
        if j>i:
            continue
    print('* ' * i, end = " ")
    print('')
```

将程序保存为 ex2_14.py。
运行程序：

```
python ex2_14.py
```

程序运行结果如下：

```
*
* *
* * *
* * * *
* * * * *
```

视频讲解

2.5 函　　数

在 Python 中，将用于实现某种特定功能的若干条语句组合在一起，称为函数。本节将简要介绍 Python 中的函数定义及使用方法。

2.5.1 函数的定义与调用

1. 函数定义的一般形式

函数由关键字 def 来定义，其一般形式为：

```
def 函数名(参数列表):
    函数体
    return  (返回值)
```

其中，参数可以为空。当有多个参数时，参数之间用逗号"，"分隔。当函数尢返回值时，可以省略 return 语句。

【例 2.15】 创建一个名为 Hello 的函数，其作用为输出"欢迎进入 Python 世界"的字符内容。

创建该函数的程序段如下：

```
def Hello():
    print("欢迎进入Python世界")
```

在程序中调用 Hello()函数，将显示"欢迎进入 Python 世界"的字符内容。

【例 2.16】 创建一个名为 sum()的函数，其作用为计算 n 以内的整数之和（包含 n）。
下面为实现计算 n 以内的整数之和的函数程序段：

```python
def sum(n):
    s=0
    for i in range(1, n+1):
        s = s + i
    return s
```

2. 函数的调用

在 Python 中，直接使用函数名调用函数。如果定义的函数包含参数，则调用函数时也
必须使用参数。

【例 2.17】 创建显示如下排列字符的函数，并编写程序调用该函数。

```
*******************************************
*          欢迎进入学生成绩管理系统          *
*******************************************
```

程序代码如下：

```python
def star():
    str = "*******************************************"
    return str

def prn():
    print("*          欢迎进入学生成绩管理系统          *")

print(star())
prn()
print(star())
```

将程序保存为 ex2_17.py。
运行程序：

```
python ex2_17.py
```

程序运行结果如下：

```
*******************************************
*          欢迎进入学生成绩管理系统          *
*******************************************
```

【例 2.18】 应用函数，计算 1~100 的和。
程序代码如下：

```python
def sum(n):
    s = 0
```

```
    for i in range(1, n+1):
        s = s + i
    return s

a=100
ss=sum(a)
print(ss)
```

将程序保存为 ex2_18.py。

运行程序：

```
python ex2_18.py
```

程序运行结果如下：

```
5050
```

2.5.2 局部变量与全局变量

在函数体内部定义的变量或函数参数称为局部变量，该变量只在该函数内部有效。在函数体外部定义的变量称为全局变量，全局变量在变量定义后的代码中都有效。当全局变量与局部变量同名时，则在定义局部变量的函数中，全局变量被屏蔽，只有局部变量有效。

全局变量在使用前要先用关键字 global 声明。

【例2.19】 全局变量与局部变量同名的示例。

程序代码如下：

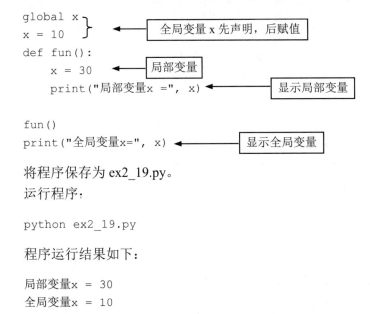

将程序保存为 ex2_19.py。

运行程序：

```
python ex2_19.py
```

程序运行结果如下：

```
局部变量x = 30
全局变量x = 10
```

2.5.3 常用内置函数

Python 内置函数是 Python 系统内部创建的，在 Python 的程序中，可以随时调用这些函数，不需要另外定义。

例如，最常见的 print()是内置函数，在程序中直接使用：

```
print("Hello World!")
```

而平方根函数 sqrt()不是内置函数，使用该函数时需要引用 math 模块：

```
import math
y = math.sqrt(25)
```

Python 常用内置函数如表 2.3 所示。

表 2.3 Python 常用内置函数

函数	说明
abs(x)	求绝对值。参数可以是整型，也可以是复数，若参数是复数，则返回复数的模
divmod(a, b)	返回商和余数的元组
eval(s)	把字符串 s 转换为数值
float([x])	将一个字符串或数转换为浮点数，如果无参数将返回 0.0
int([x[, base]])	将一个字符转换为 int 类型，base 表示进制
long([x[, base]])	将一个字符转换为 long 类型
print()	输出对象，在屏幕上显示
pow(x, y[, z])	返回 x 的 y 次幂
range([start], stop[, step])	产生一个序列，默认从 0 开始
round(x[, n])	四舍五入
sum(iterable[, start])	对集合求和
str(obj)	把数字或其他对象转换为字符串
chr(i)	返回整数 i 对应的 ASCII 字符
bool([x])	将 x 转换为 Bool 类型
max([整数列表])	返回最大值
min([整数列表])	返回最小值
sum([整数列表])	返回各数之和

【例 2.20】 数学运算函数示例。

程序代码如下：

```
s1=max([1,5,2,9])        # 求最大值
print(s1)

s2=min([9,2,-4,2])       # 求最小值
print(s2)
```

```
s3=sum([2,-1,9,12])        # 求和
print(s3)

s4=abs(-5)                 # 取绝对值
print(s4)

s5=round(2.6)              # 四舍五入取整
print(s5)

s6=pow(2, 3)               # 计算2的三次方
print(s6)

s7=divmod(9,2)             # 返回除法结果和余数
print(s7)
```

将程序保存为 ex2_20.py。
运行程序：

```
python ex2_20.py
```

程序运行结果如下：

```
9
-4
22
5
3
8
(4, 1)
```

2.5.4　匿名函数 lambda

在 Python 中，可以使用匿名函数。匿名函数即没有函数名的函数。
通常，用 lambda 声明匿名函数。
例如，计算两个数的和，可以写成：

```
add = lambda x, y : x+y
print(add(1,2))
```

输出的结果为 3。
从上面示例可以看到，lambda 表达式的计算结果相当于函数的返回值。
【例 2.21】 用 lambda 表达式，求 3 个数的乘积及列表元素的值。
程序代码如下：

```
f = lambda x,y,z: x*y*z
print(f(3,4,5))
```

```
L = [(lambda x: x**2),
     (lambda x: x**3),
     (lambda x: x**4)]
print(L[0](2),L[1](2),L[2](2) )
```

列表的每个元素均为匿名函数

将程序保存为 ex2_21.py。
运行程序：

```
python ex2_21.py
```

程序的运行结果如下：

```
60
4 8 16
```

视频讲解

2.6　案例精选

【例 2.22】　求 50 以内能被 7 整除，但不能同时被 5 整除的所有整数。
程序代码如下：

```
for i in range(1, 51):
    if i%7 == 0 and i%5 != 0:
        print(i)
```

将程序保存为 ex2_22.py。
运行程序：

```
python ex2_22.py
```

程序运行结果如下：

```
7
14
21
28
42
49
```

【例 2.23】　如果一个 3 位数各位数字的立方和等于该数自身，则该数称为"水仙花数"。
例如，$153 = 1^3 + 5^3 + 3^3$，所以 153 是一个水仙花数。求 100～1000 的所有"水仙花数"。
程序代码如下：

```
for i in range(100,1000):
    sum = 0                                    # 存放各个位数的立方和
    temp = i
    while temp:
        sum = sum + (temp%10)*(temp%10)*(temp%10)    # 各个数位的立方累加
```

```
        temp = int(temp/10)                          # 逐次取数位
    if sum == i:
        print(i)
```

将程序保存为 ex2_23.py。

运行程序：

```
python ex2_23.py
```

程序运行结果如下：

```
153
370
371
407
```

【例 2.24】　设有一份某地连续 10 年 6 月 1 日的气温记录，其数据为（℃）31、30、33、31、28、32、29、33、35、31，试计算其平均气温。

程序代码如下：

```
a = {31,30,33,31,28,32,29,33,35,31}
s = 0
for i in a:
    s += i
print(int(s/len(a)))
```

将程序保存为 ex2_24.py。

运行程序：

```
python ex2_24.py
```

程序运行结果如下：

```
31
```

【例 2.25】　鸡兔同笼问题。鸡和兔在一个笼子里，从上面数，有 35 个头；从下面数，有 94 只脚。问笼中鸡和兔各有多少只？

设笼中有 x 只鸡，有 y 只兔，则：

$$x + y = 35$$
$$2x + 4y = 94$$

程序代码如下：

```
for x in range(1,23):
    y = 35 - x
    if 4*x + 2*y == 94:
        print('兔子有%s只,鸡有%s只'%(x, y))
```

将程序保存为 ex2_25.py。

运行程序:

```
python ex2_25.py
```

程序的运行结果如下:

```
兔子有 12 只,鸡有 23 只
```

【例 2.26】 百钱买百鸡问题。公鸡 5 文钱一只,母鸡 3 文钱一只,小鸡 3 只一文钱,用 100 文钱买 100 只鸡,如何买?

设公鸡 x 只,母鸡 y 只,小鸡 z 只,则:

$$x + y + z = 100$$
$$5x + 3y + z/3 = 100$$

程序代码如下:

```
for x in range(1, 20):        # 从1开始买公鸡,不包括20
    for y in range(1, 33):    # 从1开始买母鸡,不包括33
        z = 100 - x - y       # 计算剩余要买多少只小鸡,小鸡的只数要满足3的倍数
        if (z%3 == 0) and (5*x + 3*y + z/3 == 100):# 判断买的计划是否符合条件
            print('公鸡: %s 母鸡: %s 小鸡: %s'%(x, y, z))
```

将程序保存为 ex2_26.py。

运行程序:

```
python ex2_26.py
```

程序运行结果如下:

```
公鸡: 4 母鸡: 18 小鸡: 78
公鸡: 8 母鸡: 11 小鸡: 81
公鸡: 12 母鸡: 4 小鸡: 84
```

【例 2.27】 老汉卖西瓜,第一天卖西瓜总数的一半多一个,第二天卖剩下的一半多一个,以后每天都是卖前一天剩下的一半多一个,到第 10 天只剩下一个。问西瓜总数是多少?

算法分析:设共有 x 个西瓜,卖一半多一个后,还剩下 x/2 – 1 个,所以,每天的西瓜数可以用迭代表示: $x_n = (x_{n+1} + 1) * 2$。且在卖了 9 天之后(第 10 天),x = 1。这是可以用循环来处理的迭代问题。

程序代码如下:

```
i=1
x=1
while i<=9:
    x=(x+1)*2
    i=i+1
print('西瓜总数: x = ', x)
```

将程序保存为 ex2_12.py。

运行程序:

```
python ex2_12.py
```

程序运行结果如下:

```
西瓜总数: x = 1534
```

【例2.28】 for循环语句的应用示例:

（1）使用序列迭代法，显示列表['xyz', 'book', 'hello']。

（2）使用序列索引迭代法，显示列表['C++', 'Java', 'Python']。

（3）使用数字迭代法，显示5个数字。

程序代码如下:

```python
# （1）使用序列迭代法
s1 = ['xyz', 'book', 'hello']
for i in s1:
    print(i)
print('\n')

# （2）使用序列索引迭代法
s2 = ['C++','Java', 'Python']
for i in range(len(s2)):
    print(i, s2[i])
print('\n')

# （3）使用数字迭代法
x = range(5)
for i in x:
    print(i, x[i])
print('\n')
```

将程序保存为ex2_28.py。

运行程序:

```
python ex2_28.py
```

程序运行结果如下:

```
xyz
book
hello

0 C++
1 Java
2 Python
```

```
0 0
1 1
2 2
3 3
4 4
```

【例 2.29】 编写计算 n!的函数。

n!是以递归形式定义的：

$$n!=\begin{cases}1 & (n=1)\\ n(n-1) & (n>1)\end{cases}$$

计算 n!，应先计算(n−1)!，而计算(n−1)!，需要先计算(n−2)!……以此递推，直到最后变成计算 1!的问题。

根据公式，1!=1，这是本问题的递归终止条件。由终止条件得到 1!的结果后，再反过来依次计算出 2!，3!，…，n!。

设计算 n!的函数为 fun(n)，当 n>1 时，fun(n)=n∗fun(n−1)。即在 fun(n)函数体内将递归调用 fun()自身。

程序代码如下：

```
def fun(n):
    if n == 1:
        return 1
    else:
        return n * fun(n-1)
x = eval(input('请输入n的值: '))
y = fun(x)
print(x,'! = ',y)
```

将程序保存为 ex2_29.py。

运行程序：

```
python ex2_29.py
```

程序运行结果如下：

```
请输入n的值: 5  ↙
5! = 120
```

【例 2.30】 编写函数，从键盘输入参数 n，计算斐波那契数列中第一个大于 n 的项。

斐波那契数列为 1，1，2，3，5，8，13，…从第 3 项开始，每一项是前二项之和。

编写程序代码如下：

```
def fun(n):
    a,b = 1,1
    while b<n:
        a,b = b, a+b
```

```
    else:
        return b

x = eval(input('请输入n的值: '))
y = fun(x)
print('第一个大于', x, '的项 = ',y)
```

将程序保存为 ex2_30.py。
运行程序:

```
python ex2_30.py
```

程序运行结果如下:

```
请输入n的值: 11
第一个大于 11 的项 =   13
```

【例 2.31】 应用随机函数 random()模拟微信发红包。
使用随机函数 random()需要引用 random 模块。
程序代码如下:

```
import random

def hongbao(total, num):      # 参数total为拟发红包总金额,num为拟发红包数量
    each=[]
    already = 0                # 存放已发红包总金额
    for i in range(1, num):
        # 随机分配红包金额，至少给剩下的人每人留一元钱
        t = random.randint(1, (total - already) - (num - i))
        each.append(t)
        already = already + t
    each.append(total - already) # 所有剩余的钱发给最后一个人
    return each

if _ _name_ _ == '_ _main_ _':
    total = 50                 # 每次发50元
    num = 5                    # 每次发5个红包
    for i in range(10):        # 模拟发10次
        each = hongbao(total, num)
        print(each)
```

将程序保存为 ex2_31.py。
运行程序:

```
python ex2_31.py
```

程序运行结果如下：

```
[27, 4, 10, 5, 4]
[31, 12, 1, 2, 4]
[15, 9, 24, 1, 1]
[9, 23, 1, 9, 8]
[41, 3, 2, 1, 3]
[16, 26, 6, 1, 1]
[14, 20, 7, 6, 3]
[28, 11, 5, 1, 5]
[23, 24, 1, 1, 1]
[44, 2, 2, 1, 1]
```

习 题 2

1. Python 语言中有哪些数据类型？

2. 将下列数学表达式写成 Python 中的算术表达式，并编写程序求解。

提示：计算开平方根式，需要导入 math 模块中 sqrt()函数的语句。

```
from math import sqrt
```

（1）$\dfrac{a+b}{x-y}$ （2）$\sqrt{p(p-a)(p-b)(p-c)}$

3. 下面的代码会显示多少次"我对学习 Python 很痴迷"？

```
for i in range(1, 10, 2):
    print("我对学习Python很痴迷")
```

4. 下面的代码会显示多少次"我对学习 Python 很痴迷"？

```
for i in 5:
    print("我对学习Python很痴迷")
```

5. 编写密码验证程序，用户只有 3 次输入错误密码的机会。

6. 编写程序，求 $\sum\limits_{k=1}^{10} k^2$ 的值。

7. 编写一程序，任意输入 3 个数，按大小顺序输出。

8. 编写一个 Python 程序，查找 100 以内是 3 的倍数的数并将其输出。

9. 编写打印下列图形的程序：

（1）　　　　　　　　　　（2）

```
#                        * * * * * * *
##                        * * * * *
###                        * * *
####                          *
```

第 **3** 章

类 与 模 块

3.1 类 和 对 象

视频讲解

Python 采用了面向对象程序设计的思想，以类和对象为基础，将数据和操作封装成一个类，通过类的对象进行数据操作。

3.1.1 类的格式与创建对象

1. 类的一般形式

类由类声明和类体组成，而类体又由成员变量和成员方法组成，其一般形式如下：

```
class  类名：
     成员变量
     def  成员方法名(self)
```

在类声明中，class 是声明类的关键字，表示类声明的开始，类声明后面跟着类名，按习惯类名要用大写字母开头，并且类名不能用阿拉伯数字开头。

在类体中定义的成员方法与在类外定义的函数一般形式是相同的。也就是说，通常把定义在类体中的函数称为方法。

类中的 self 在调用时代表类的实例，与 C++或 Java 中的 this 作用类似。

2. 创建类的对象

类在使用时，必须创建类的对象，再通过类的对象来操作类中的成员变量和成员方法。

创建类对象的格式为：

```
对象名 = 类名()
```

3. 调用类的成员方法

调用类的成员方法时，需要通过类对象调用，其调用格式如下：

```
对象名.方法名(self)
```

【例 3.1】 编写一个计算两数之和的类。

```
class Myclass:
    def sum(self, x, y):
        self.x = x                      定义类 Myclass
        self.y = y
        return self.x + self.y

obj = Myclass()
s = obj.sum(3, 5)                 创建类对象，并通过对象调用类的成员方法
print('s =',s)
```

在程序的类定义中，方法 sum(self,x,y)的参数 self 代表类对象自身，self.x = x 即把赋值语句右边的参数 x 值赋值给左边类成员变量 x。为了区分参数及成员变量，在成员变量 x 前面添加 self。

程序运行结果如下：

```
s = 8
```

4. 类的公有成员和私有成员

在 Python 程序中定义的成员变量和方法默认都是公有成员，类之外的任何代码都可以随意访问这些成员。如果在成员变量和方法名之前加上两个下画线"__"作前缀，则该变量或方法就是类的私有成员。私有成员只能在类的内部调用，类外的任何代码都无法访问这些成员。

【例 3.2】 私有成员示例。

```
class testPrivate:
    def _ _init_ _(self, x, y):        定义私有方法 __init__()
        self._ _x = x
        self._ _y = y
    def add(self):
        self._ _s = self._ _x + self._ _y    定义类中的普通成员方法
        return self._ _s
    def printData(self):               定义类中的普通成员方法
        print (self._ _s)

t = testPrivate(3, 5)    # 创建类对象
s = t.add()                在类的外部调用公有方法
t.printData()
print('s = ',s)
```

程序运行结果如下：

```
8
s = 8
```

5. 类的构造方法

在 Python 中，类的构造方法为 _ _init_ _( )，其中方法名开始和结束的下画线是双下

画线。构造方法属于对象，每个对象都有自己的构造方法。

如果一个类在程序中没有定义_ _init_ _( )方法，则系统会自动建立一个方法体为空的
_ _init_ _( )方法。

如果一个类的构造方法带有参数，则在创建类对象时需要赋实参给对象。

在程序运行时，构造方法在创建对象时由系统自动调用，不需要用调用方法的语句显
式调用。

【例 3.3】 设计一个员工类 Person。该类有 Name（姓名）和 Age（年龄）两个变量，
可以从键盘输入员工姓名、年龄等信息。

程序代码如下：

```
class Person:
    def _ _init_ _(self, Name, Age):       定义构造方法，进行初始
        self.name = Name                    化，该构造方法带有参数
        self.age = Age
    def main(self):
        print(self.name)                    定义 main()方法，输出信息
        print(self.age)


name = input('input  name:')
age = input('input age:')
p = Person(name, age)      创建对象时，也要带实参。此时系统自动调用构造方法
p.main()    # 调用类体中的方法
```

程序运行结果如下：

```
input name:  sundy
input age:  22
sundy
22
```

6. 析构方法

在 Python 中，析构方法为 _ _del_ _ ( )，其中开始和结束的下画线是双下画线。析构
方法用于释放对象所占用的资源，在 Python 系统销毁对象之前自动执行。析构方法属于对
象，每个对象都有自己的析构方法。如果类中没有定义_ _del_ _()方法，则系统会自动提供
默认的析构方法。

【例 3.4】 析构方法示例。

程序代码如下：

```
class Mood:
    def _ _init_ _(self,x):
        self.x=x                        定义构造方法，创建对象时触发
        print('产生对象',x)


    def _ _del_ _(self):
        print('销毁对象', self.x)        定义析构方法，释放对象时触发
```

```
f1 = Mood(1)
f2 = Mood(2)
del f1
del f2
```

程序运行结果如下：

```
产生对象1
产生对象2
销毁对象1
销毁对象2
```

3.1.2　类的继承

类的继承是为代码复用而设计的，是面向对象程序设计的重要特征之一。当设计一个新类时，如果可以继承一个已有的类，无疑会大幅度减少开发工作量。

在继承关系中，已有的类称为父类或基类，新设计的类称为子类或派生类。派生类可以继承父类的公有成员，但不能继承其私有成员。

在继承中，父类的构造方法_ _init_ _( )不会自动调用，如果在子类中需要调用父类的方法，可以使用内置函数 super()或通过"父类名.方法名( )"的方式实现。

1. 类的单继承

类的单继承的一般形式为：

```
class 子类名(父类名)：
    子类的类体语句
```

【例 3.5】 定义一个父类 Person，再定义一个子类 Sunny 继承 Person，并在子类中调用父类的方法。

程序代码如下：

```
class Person:
    def __init__(self, Name, Age):
        self.name = Name
        self.age = Age
    def main(self):
        print('姓名:', self.name)
        print('年龄:', self.age)

class Sunny(Person):
    def __init__(self, name, age, score):
        super(sunny, self).__init__(name, age)
        self.score = score
def prn(self):
        Person.main(self)
        print('成绩:', self.score)
```

定义父类，构造方法带有参数

调用父类的构造方法

定义子类

```
name = input('请输入姓名: ')
age = input('请输入年龄: ')
score = input('请输入成绩: ')
s = Sunny(name,age, score)        # 实例化子类对象
s.prn()                           # 调用子类的方法
```

程序运行结果如下:

请输入姓名:　张大山
请输入年龄:　22
请输入成绩:　88
姓名:　张大山
年龄:　22
成绩:　88

2.　类的多继承

Python 支持多继承,多继承的一般形式为:

```
class  子类名(父类名1,父类名2,…, 父类名n):
    子类的类体语句
```

Python 在多继承时,如果这些父类中有相同的方法名,而在子类中使用时没有指定父类名,则 Python 系统将从左往右按顺序搜索。

【例 3.6】　多继承示例。

程序代码如下:

```
class A:
    def __init__(self):          ⎫
        self.one="第一个父类"       ⎬  定义 A 父类
class B:
    def __init__(self):          ⎫
        self.two="第二个父类"       ⎬  定义 B 父类

class C(A,B):
    def __init__(self):
        A.__init__(self)              定义 A、B 的子类
        B.__init__(self)
    def prn(self):
        print(self.one, '\n', self.two)

subc=C()
subc.prn()
```

程序运行结果如下:

第一个父类
第二个父类

3.1.3 运算符重载

Python 语言提供了运算符重载功能，大大增强了语言的灵活性。运算符重载就是重新定义运算法则。在 Python 中，重载加法运算使用__add__()方法定义运算法则，重载减法运算使用__sub__()方法运算法则。

【例 3.7】 设有两个二维元组：（7，10）和（5，−2），它们的加法运算法则为对应元素相加。它们的减法运算法则为对应元素相减。编写程序，计算这两个元组相加、相减的值。

程序代码如下：

```python
class Vector:
    def __init__(self, a, b):      # 定义构造方法
        self.a = a
        self.b = b

    def __str__(self):              # 定义元组显示方式
        return 'Vector (%d, %d)' % (self.a, self.b)

    def __add__(self,other):        # 定义加法运算法则
        return Vector(self.a + other.a, self.b + other.b)

    def __sub__(self,other):        # 定义减法运算法则
        return Vector(self.a - other.a, self.b - other.b)

v1 = Vector(7,10)
v2 = Vector(5,-2)
print(v1 + v2)
print(v1 - v2)
```

程序运行结果如下：

```
Vector(12, 8)
Vector(2, 12)
```

3.2 模 块

视频讲解

一个较大型的程序通常都是由许多功能函数或类组成的，为了方便程序开发团队分工协作，可以将所建的函数或类保存为模块（module）形式的独立文件，未来可以供其他程序调用。模块的扩展名为 py。

3.2.1 函数模块及函数模块的导入

1. 建立函数模块

在 Python 中，每个包含有函数的 Python 文件都可以作为一个模块来使用，其模块名

就是文件名。

【例3.8】 创建函数模块示例。

设有 Python 文件 hello.py，其中包含 hh()函数，代码如下：

```
def hh():
        str="你好, Python! "
        return str
```

这样，就建立了一个名为 hello 的模块，其中的 hh()函数可以供其他程序调用。

2. 模块的导入

在 Python 中用关键字 import 来导入某个模块，其导入模块的形式有两种。

1）用 import 形式导入模块中的所有函数

用 import 导入模块的一般形式为：

```
import  模块名
```

比如要引用例 3.8 中的模块 hello，就可以在文件最开始的地方用

```
import hello
```

语句来导入。

在调用 import 导入模块的函数时，必须使用以下形式来调用：

```
模块名.函数名
```

例如，调用 hello 模块中的 hh()函数。

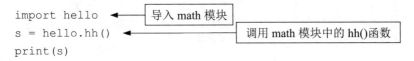

```
import hello     ◄──── 导入 math 模块
s = hello.hh()   ◄──── 调用 math 模块中的 hh()函数
print(s)
```

2）用 from…import…形式导入模块中指定的函数或变量

用 from…import…导入模块的一般形式为：

```
from  模块名 import  函数名或变量名
```

比如要引用模块 math 中的 sqrt()函数，可以用

```
from  math  import sqrt()
```

语句来导入。

在调用 from…import…导入模块的函数时，直接使用函数名来调用模块中的函数，而不需要在函数的前面加上模块名。

【例3.9】 编写一个计算两数之和的模块，再在另一个程序中调用该模块。

（1）编写模块代码，其中包含有计算两数之和的函数 sum()，保存为 ex3_9_1.py。

```
def sum(n1, n2):
    s = n1 + n2
```

```
    return s
```

（2）编写调用模块程序 ex3_9_2.py，其代码如下：

```
import ex3_9_1
ss = ex3_9_1.sum(3, 5)
print("3 + 5 =",ss)
```

程序 ex3_9_2.py 的运行结果为：

```
3 + 5 = 8
```

3.2.2 类模块

类模块与函数模块类似，将类保存为独立的 Python 文件，其他程序则通过导入模块语句，调用模块中的类。

1. 用 from…import…形式导入类模块

导入类模块的语法格式与导入函数模块的语法格式相同，它的语法如下：

```
from  模块名 import  类名
```

【例 3.10】 设有一个包含银行类的模块，编写程序调用该模块。

（1）编写模块代码，其中包含有银行储户信息类，保存为 ex3_10_Banks.py。

```
# 包含银行储户信息类的模块
class Banks():
    def __init__(self, cname):        # 初始化
        self.__name = cname           # 储户姓名
        self.__amount = 0             # 储户总金额

    def save_money(self, money):      # 存款操作
        self.__amount += money        # 增加总金额
        print("存款", money, "元，目前余额：", self.__amount) # 显示存款信息

    def get_money(self, money):       # 取款操作
        self.__amount -= money        # 减少总金额
        print("取款", money, "元，目前余额：", self.__amount) # 显示存款信息
```

（2）编写调用模块程序 ex3_10_2.py，其代码如下：

```
from ex3_10_banks import Banks      # 导入模块中的 Banks 类

zdsbank = Banks("张大山")            # 声明 Banks 类对象
zdsbank.save_money(8000)            # 存款为 8000 元
```

程序 ex3_10_2.py 的运行结果为：

```
存款 8000 元，目前余额： 8000
```

2. 用 import 形式导入类模块

与用 import 导入函数模块的形式相同，也可以使用如下语法格式导入类模块：

```
import    模块名
```

比如要引用例 3.10 的类模块 ex3_10_banks，就可以在文件最开始的地方用

```
import ex3_10_banks
```

语句来导入。

在调用 import 导入模块的类时，必须使用以下形式来调用：

```
模块名.类名
```

例如，编写用 import 导入类模块 ex3_10_banks 的程序 ex3_10_3.py，其代码如下：

```
import ex3_10_banks                              # 导入 ex3_10_banks 模块

zdsbank = ex3_10_banks.Banks("张大山")          # 声明 Banks 类对象
zdsbank.save_money(8000)                         # 存款为 8000 元
```

程序 ex3_10_3.py 的运行结果为：

```
存款 8000 元，目前余额：  8000
```

3.2.3 常用标准库模块及导入模块的顺序

1. 常用标准库模块

Python 系统的标准库中定义了很多模块，从 Python 语言自身特定的类型和声明，到一些只用于少数程序的不著名的模块，林林总总有 200 多个。

表 3.1 列出了一些常用的标准库模块。

表 3.1 一些常用的标准库模块

模块分类	模块名称	说　　明
核心模块	os 模块	os 模块中的大部分函数通过对应平台相关模块实现,其常用方法有 open()、file()、listdir()、system()等函数
	sys 模块	sys 模块用于处理 Python 运行时环境。例如，退出系统时，使用命令：sys.exit(1)
	timc 模块	math 模块实现了许多对浮点数的数学运算函数。例如,使用 math 模块的 sqrt()函数进行开平方根的运算
线程与进程模块	threading 模块	threading 模块为线程提供了一个高级接口，只需要继承 Thread 类，定义好 run()方法，就可以创建一个新的线程
	queue 模块	queue 模块提供了一个线程安全的队列 (queue) 实现。通过它可以在多个线程里安全地访问同一个对象

续表

模块分类	模块名称	说　明
网络协议 模块	socket 模块	socket 模块实现了网络数据传输层的接口,使用该模块可以创建客户端或是服务器的套接字 Socket 通信
	socketserver 模块	socketserver 为各种基于 Socket 套接字的服务器提供了一个框架,该模块提供了大量的类对象,可以用它们来创建不同的服务器
	urllib 模块	urllib 模块为 HTTP、FTP 以及 Gopher 提供了一个统一的客户端接口,它会自动地根据 URL 选择合适的协议处理器
	httplib 模块	httplib 模块提供了一个 HTTP 客户端接口
	webbrowser 模块	webbrowser 模块提供了一个到系统标准 Web 浏览器的接口。它提供了一个 open()方法,接收文件名或 URL 作为参数,然后在浏览器中打开它

2. 导入模块的顺序

当设计的程序需要导入多个模块时,应按照下面的顺序依次导入模块:

(1) 导入 Python 系统的标准库模块,如 os、sys 等;

(2) 导入第三方扩展库模块,如 pygame、mp3play 等;

(3) 导入自己定义和开发的本地模块。

3.2.4　使用 pip 安装和管理扩展模块

1. 安装 pip

Python 安装第三方的模块,大多使用包管理工具 pip 进行安装。Python 包管理工具 pip 提供了对 Python 包的查找、下载、安装、卸载的功能。

pip 下载地址为 https://pypi.python.org/pypi/pip#downloads。选择 pip-9.0.1.tar.gz 文件进行下载。

下载完成后,将解压的文件保存到一个文件夹,使用控制台命令窗口进入解压目录,输入安装命令:

```
python setup.py install
```

pip 安装完后还需要配置环境变量,这样 pip 指令才能生效。找到 Python 安装路径下的 scripts 目录,复制该路径。例如:

```
C:\Users\pandap\AppData\Local\Programs\Python\Python36-32\Scripts
```

将其添加到系统环境变量 path 中。

2. 通过 pip 安装扩展模块

当前,pip 已经成为管理 Python 扩展模块的主要方式。常用 pip 命令如表 3.2 所示。

表 3.2　常用 pip 命令

pip 命令	说明	pip 命令	说明
install	安装模块	list	列出已安装模块
download	下载模块	show	显示模块详细信息.
uninstall	卸载模块	search	搜索模块
freeze	按着一定格式输出已安装模块列表	help	帮助

例如：

（1）安装 MySQL 数据库管理模块：

```
pip install pymysql
```

（2）安装图形处理库模块：

```
pip install pillow
```

（3）安装 SomePackage 模块：

```
pip install SomePackage
```

（4）卸载 SomePackage 模块：

```
pip uninstall SomePackage
```

（5）查看当前已经安装的模块：

```
pip list
```

查看当前已经安装的模块命令运行结果如图 3.1 所示。

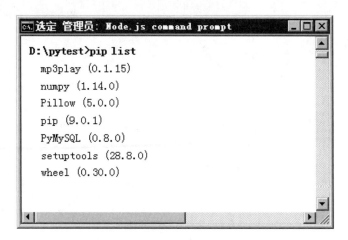

图 3.1　查看已经安装的模块

3.2.5　使用 Anaconda 安装和管理扩展模块

Anaconda 是由 Python 管理的开源数据科学平台，其中包含了 180 个科学计算模块及其依赖项，可以用它来安装和管理扩展模块。

1. 下载和安装 Anaconda

1）下载 Anaconda 安装包

Anaconda 安装包的下载地址为 https://www.anaconda.com，该网站提供了 Python 2.7 和 Python 3.7 两个版本的安装程序，这里选择安装 Python 3.7 版。

2）安装 Anaconda

Anaconda 的安装比较简单，双击安装包后，按安装向导的指引即可以完成安装。

3）配置环境变量

完成 Anaconda 的安装后还需要配置环境变量，Anaconda 才能有效使用。其配置方法与 pip 的配置方法相同，在系统的环境变量 path 中，添加 Anaconda 安装路径下的 scripts 目录。

2. 通过 Anaconda 安装扩展模块

运行 Anaconda，打开 Anaconda Navigator 窗口，在主界面左边的导航栏中选择 Environments 选项，在右边下拉列表框中选择 All 选项，搜索并勾选相应的安装包，然后单击 Apply 按钮安装模块，如图 3.2 所示。

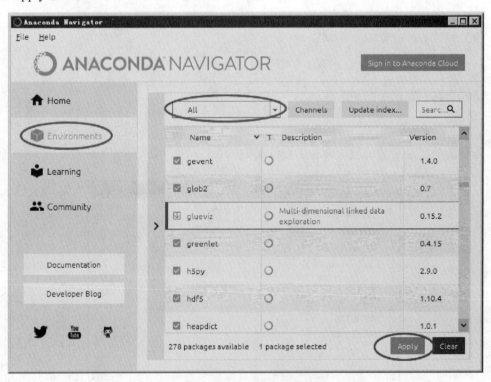

图 3.2　通过 Anaconda 安装模块

3.3　案 例 精 选

【例 3.11】　设计一个学生类。这个学生类中包含学生的学号、姓名和成绩。计算 3 名学生的平均成绩。

程序代码如下：

```python
class Student:

    def __init__(self, sid, name, scro):
        self.sid = sid
        self.name = name
        self.scro = scro

    def cot(self):
        return self.scro

    def prnid(self):
        print('学号:',self.sid, '姓名:',self.name, '成绩:',self.scro)


stu1 = Student('a1001','张大山',92)
stu2 = Student('a1002','李晓丽',82)
stu3 = Student('a1003','赵志勇',97)

stu1.prnid()
stu2.prnid()
stu3.prnid()
s = stu1.cot() + stu2.cot() + stu3.cot()
print('平均成绩: ',int(s/3))
```

程序运行结果如下：

```
学号: a1001 姓名: 张大山 成绩: 92
学号: a1002 姓名: 李晓丽 成绩: 82
学号: a1003 姓名: 赵志勇 成绩: 97
平均成绩:  90
```

【例3.12】 设计一个学生类。这个学生类中包含学生的学号、姓名和成绩，并能根据学生人数计算平均成绩。

程序代码如下：

```python
class Student:

    def __init__(self):
        self.s = 0          ⎫
        self.count = 0      ⎬  在构造方法中初始化变量

    def cot(self):
        return self.s/self.count   ◄── 计算平均成绩
```

```
def prnid(self, data):
    for i in data:
        self.sid = i['sid']
        self.name = i['name']          获取列表中的字典元素
        self.scro = i['scro']
        self.s = self.s + self.scro
        print('学号:',self.sid, '姓名:',self.name, '成绩:',self.scro)
        self.count += 1


data = [{'sid':'a1001','name':'张大山','scro':92},
        {'sid':'a1002','name':'李晓丽','scro':82},
        {'sid':'a1003','name':'赵志勇','scro':97}]
stu = Student()
stu.prnid(data)
s = stu.cot()
print('平均成绩: ',int(s))
```

程序运行结果如下:

```
学号: a1001 姓名: 张大山 成绩: 92
学号: a1002 姓名: 李晓丽 成绩: 82
学号: a1003 姓名: 赵志勇 成绩: 97
平均成绩:  90
```

习　题　3

1. 编写一个具有加、减、乘、除功能的模块，然后通过导入另一个程序中调用。

2. 设计一个商品类，该类有商品编号、品名、价格、数量。应用该类，统计 3 种商品的总金额。

第 4 章

图形用户界面设计

通过图形用户界面（Graphics User Interface，GUI），用户和程序之间可以方便地进行交互。本章主要介绍如何设计友好的图形用户界面应用程序。

4.1 图形用户界面概述

4.1.1 常用设计图形界面的模块

Python 有多种用于设计图形用户界面的模块，常用的模块有如下几种：

- tkinter：使用 Tk 平台，Python 系统自带的标准图形用户界面库。
- wxpython：基于 wxWindows，具有跨平台的特性。
- PythonWin：只能在 Windows 上使用，使用了本机的 Windows GUI 功能。
- JavaSwing：只能用于 Python，使用本机的 Java GUI。
- PyGTK：使用 GTK 平台，在 Linux 上很流行。
- PyQt：使用 Qt 平台，跨平台。

本章主要介绍 tkinter 模块的图形用户界面设计方法。

视频讲解

4.1.2 tkinter 模块

tkinter 模块是 Python 系统自带的标准 GUI 库，具有一套常用的图形组件。tkinter 模块提供的组件如表 4.1 所示。

表 4.1　tkinter 模块提供的组件

组件	说明
Button	按钮控件，在程序中显示按钮
Canvas	画布控件，显示图形元素，如线条或文本
Checkbutton	多选框控件，用于在程序中提供多项选择框
Entry	输入控件，用于显示简单的文本内容
Frame	框架控件，在屏幕上显示一个矩形区域，多用作容器
Label	标签控件，可以显示文本和位图
Listbox	列表框控件，用于显示一个字符串列表

续表

组件	说明
Menubutton	菜单按钮控件，用于显示菜单项
Menu	菜单控件，显示菜单栏、下拉菜单和弹出菜单
Message	消息控件，用来显示多行文本，与 Label 比较类似
Radiobutton	单选按钮控件，显示一个单选按钮的状态
Scale	范围控件，显示一个数值刻度，为输出限定范围的数字区间
Scrollbar	滚动条控件，当内容超过可视化区域时使用，如列表框
Text	文本控件，用于显示多行文本
Toplevel	容器控件，用来提供一个单独的对话框，与 Frame 类似
Spinbox	输入控件，与 Entry 类似，但是可以指定输入范围值
PanedWindow	一个窗口布局管理的插件，可以包含一个或多个子控件
LabelFrame	一个简单的容器控件，常用于复杂的窗口布局
tkMessageBox	用于显示应用程序的消息框

使用 tkinter 模块的基本步骤如下：

（1）导入 tkinter 模块。

例如：

```
import tkinter
```

或

```
from tkinter import *
```

（2）创建一个顶层容器对象。

例如，创建一个窗体对象：

```
win = tkinter.Tk()
```

（3）在顶层容器对象中，添加其他组件。

（4）调用 pack()方法进行容器的区域布局。

（5）进入主事件循环。

```
win.mainloop()
```

当容器进入主事件循环状态时，容器内部的其他图形对象则处于循环等待状态，这样才能由某个事件引发容器区域内对象完成某种功能。

4.2　窗体容器和组件

视频讲解

4.2.1　窗体容器和标签组件

1. 窗体

窗体是带有标题、边框的一个顶层容器，在其内部可以添加其他组件，其结构如图 4.1

所示。

设计一个窗体的主要步骤如下。

（1）导入 tkinter 包。

```
import tkinter
```

图 4.1　窗体的结构

（2）创建窗体对象。

```
win = tkinter.Tk()
```

（3）设置窗体初始的大小（宽×高）和位置(x, y)。

```
win.geometry('宽×高 + x坐标 + y坐标')
```

（4）设置事件循环，使窗体一直保持显示状态。

```
win. mainloop()
```

【例4.1】　通过 Tk 对象创建一个简单的窗体。

程序代码如下：

```
import tkinter
win = tkinter.Tk()                  # 定义一个窗体
win.title('最简单窗体')              # 定义窗体标题
win.geometry('250×120+50+10')
 # 设置窗体的大小为250×120像素和初始位置为(50,10)
win.mainloop()                       # 表示事件循环，使窗体一直保持显示状态
```

程序运行结果如图 4.2 所示。

2. 标签

标签 Label 是用于窗体容器中显示文字内容的
组件。标签 Label 的基本格式为：

```
label = tkinter.Label(容器名称,显示文字或图
像内容,显示位置,文字字体、颜色等)
```

标签 Label 的常用属性如表 4.2 所示。

图 4.2　最简单窗体

表 4.2　标签 Label 的常用属性

属性选项	说明
text	标签组件的文字内容，可以多行，用'\n'分隔
height	标签组件的文字行数（注意，不是像素）
width	标签组件的文字字符个数（注意，不是像素）
anchor	文本在组件中的位置，默认为"居中"
font	指定文本的字体字号
image	在标签组件中显示图像
textvariable	设置文本变量
bg	设置标签组件的背景颜色
fg	设置标签组件的文字颜色

【例 4.2】　标签应用示例。

程序代码如下：

```
import tkinter
win = tkinter.Tk()                    # 定义一个窗体
win.title('标签示例')                  # 定义窗体标题
win.geometry('250×120')               # 定义窗体的大小为250×120像素
label = tkinter.Label(win,\
    text ='欢迎进入Python世界!',\
    font='宋体',\                      定义标签 label
    fg='#0000ff'\
    )
label.pack()
win.mainloop()
```

程序运行结果如图 4.3 所示。

图 4.3　标签应用示例

4.2.2　按钮和事件处理

1. 按钮对象

当按下应用程序中的按钮时，应用程序能触发某个事件从而执行相应的操作。在 Python 中，tkinter 模块中的 Button 用于构建按钮对象。

1）按钮 Button 的常用属性

按钮 Button 的常用属性如表 4.3 所示。

表 4.3 按钮 Button 的常用属性

属性选项	说明
command	单击按钮时，调用事件处理函数
text	设置按钮上的文字
height	设置按钮高度，用文本的字符行数表示
width	设置按钮宽度，用文本的字符个数表示
takefocus	设置焦点
state	设置按钮状态：正常（normal）、激活（active）、禁用（disabled）
bg	设置背景颜色
fg	设置前景颜色

2）创建按钮对象

创建按钮对象的方法如下：

```
Btn = tkinter.Button(容器, text = "按钮上的文字")
```

由于按钮是一个普通组件，设计时必须放置到一个容器中。下面的示例就是将按钮放置到一个窗体容器内。

【例 4.3】 构造一个带按钮的窗体。

程序代码如下：

```
import tkinter
win = tkinter.Tk()                          # 定义一个窗体
win.title('最简单窗体')                       # 定义窗体标题
win.geometry('400×200')                     # 定义窗体的大小为400×200像素
btn = tkinter.Button(win, text = '单击我!')  # 在窗体中添加按钮
btn.pack()
win.mainloop()
```

【程序说明】

由于没有定义按钮的处理事件，因此，单击按钮不会有任何反应。

程序运行结果如图 4.4 所示。

图 4.4 按钮程序运行结果

2. 处理按钮事件

当单击按钮对象 btn 时，按钮的 command 属性触发指定的事件函数，由事件函数处理事件。

【例4.4】 设计一个按钮事件程序。

程序代码如下：

```
'''
窗体中的按钮事件示例:
单击按钮后,弹出一个文本标签
'''
import tkinter
win = tkinter.Tk()
win.title('最简单窗体')          定义窗体
win.geometry('320×180')
t1 = '\n 少壮不努力,老大学程序.'

def mClick():
    label1 = tkinter.Label(win, text=t1)     定义事件函数 mClick()
    label1.pack()

Btn = tkinter.Button(win, text = "单击我!", command = mClick)
Btn.pack()                                  调用事件函数 mClick()

win.mainloop()
```

程序运行结果如图 4.5 所示。

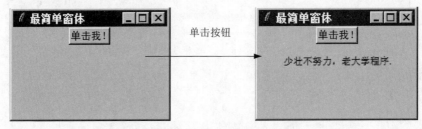

图 4.5　按钮事件

视频讲解

4.3　界面布局管理

Python 定义了 3 种界面布局管理方式，分别是 pack、place 和 grid。

1. pack 布局

pack 布局管理方式按组件的创建顺序在容器区域中排列。

pack 的常用属性有 side 和 fill。

- side 属性：其取值为 top、bottom、left 和 right，分别表示组件排列在上、下、左、右的位置。默认值为 top。
- fill 属性：其取值为 x、y、both，分别表示填充 x（水平）或 y（垂直）方向的空间。

2. place 布局

place 布局管理方式指定组件的坐标位置排列，这种排列方式也称为绝对布局。

3. grid 布局

grid 布局管理方式为网格布局，组件放置在二维表格的单元格中。

grid 布局的常用属性有 row（行）、column（列）、rowspan（组件占据行数）、columnspan（组件占据列数）。

【例 4.5】　布局示例。

程序代码如下：

```
from tkinter import Tk,Label

root = Tk()
root.geometry('80×80+10+10')  # 80×80为窗体大小，10+10为窗口显示位置
root.title('窗体的布局')

# 填充方式布局
'''
L1=Label(root, text = 'L1', bg = 'red')
L1.pack(fill = 'y')
L2=Label(root, text = 'L2', bg = 'green')
L2.pack(fill = 'both')
L3=Label(root, text = 'L3', bg = 'blue')
L3.pack(fill = 'x')

# 左右方式布局
L1=Label(root, text = 'L1', bg = 'red')
L1.pack(fill = 'y', side = 'left')
L2=Label(root, text = 'L2', bg = 'green')
L2.pack(fill = 'both', side = 'right')
L3=Label(root, text = 'L3', bg = 'blue')
L3.pack(fill = 'x', side = 'left')

# 绝对布局
L4 = Label(root, text = 'L4')
L4.place(x = 3, y = 3, anchor = 'nw')
'''

# 网格布局
L1 = Label(root, text = 'L1', bg = 'red')
L2 = Label(root, text = 'L2', bg = 'blue')
L3 = Label(root, text = 'L3', bg = 'green')
L4 = Label(root, text = 'L4', bg = 'yellow')
L5 = Label(root, text = 'L5', bg = 'purple')

L1.grid(row = 0, column = 0)
L2.grid(row = 1, column = 0)
L3.grid(row = 1, column = 1)
L4.grid(row = 2)
L5.grid(row = 0, column = 3)
```

row 为网格的行，column 为网格的列

```
root.mainloop()
```

程序运行结果如图 4.6 所示。

（a）填充方式布局

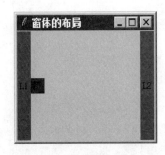

（b）左右方式布局

（c）网格布局

图 4.6　布局排列组件

4.4　文本框组件

1. 文本框的格式

在 Python 中，文本框 Entry 用于接收输入的数据。文本框 Entry 的基本格式为：

```
txt = tkinter.Entry(容器名称,width=宽度, 文字字体、颜色等)
```

文本框 Entry 的常用属性如表 4.4 所示。

表 4.4　文本框 Entry 的常用属性

属性及方法	说明
font	文字字体，值是元组，font = ('字体', '字号', '粗细')
foreground	文字颜色，值为颜色或为颜色代码，foreground = 'red'
relief	文本框风格，如凹陷、凸起，取值为 flat/sunken/raised/groove/ridge，　如 relief = 'sunken'
show	指定文本框内容显示为掩码，如密码设为*，show = '*'
state	文本框状态，分为只读和可写，值为 normal/disabled
textvariable	文本框的值，为 StringVar()对象

【例 4.6】　应用布局，设计一个显示学生信息窗体程序，如图 4.7 所示。

图 4.7　学生信息表

程序代码如下：

```
import tkinter
from tkinter import *

win = tkinter.Tk()        # 定义一个窗体
win.title('学生信息')

L1 = Label(win, text="学生信息",font = 'Helvetica-36 bold')
L2 = Label(win, text="学号: ",font = 'song-20')
L3 = Label(win, text="姓名: ",font = 'song-20')
L4 = Label(win, text="专业: ",font = 'song-20')

L1.grid(row=0,column=1)
L2.grid(row=1)
L3.grid(row=2)
L4.grid(row=3)

photo = PhotoImage(file='img1.gif')
L_Phot = Label(win,image=photo)
L_Phot.grid(row=0, column=2, columnspan=2, rowspan=4)

e1 = Entry(win,width=20, font = 'song -20')
e2 = Entry(win,width=20, font = 'song -20')
e3 = Entry(win,width=20, font = 'song -20')

e1.grid(row=1, column=1)
e2.grid(row=2, column=1)
e3.grid(row=3, column=1)

win.mainloop()
```

设置文本标签

设置文本标签的排列位置

设置图片及排列位置

设置文本框

设置文本框的排列位置

2. 文本框中的内容设置及获取

对文本框 Entry 中文字内容的操作可以使用 StringVar() 对象来完成。StringVar() 是 tkinter 模块的对象，可以跟踪变量值的变化，把最新的值显示到界面上。首先把 Entry 的 textvariable 属性设置为 StringVar() 对象，再通过 StringVar() 对象的 get() 和 set() 函数读取或输出相应的字符内容。这样，文本框中始终显示最新的值。

【例 4.7】 设计一个密码验证程序。

程序代码如下：

```
from tkinter import *
```

```
win = Tk()
win.geometry('350×116')
win.title('密码验证')

# "提交"按钮事件
def mClick():
  txt = txt2.get()
  if(txt == 'abc'):
    txt3.set("欢迎进入本系统")
```
定义按钮事件

```
# 创建几个组件元素
lab1=Label(win, text="请输入用户名：",font=('华文新魏','16'))
lab2=Label(win, text="请输入密  码：",font=('华文新魏','16'))
txt1=StringVar()
txt2=StringVar()
txt3=StringVar()
```
声明 3 个 StringVar()对象，对应 3 个文本组件

```
txt3.set("请输入用户名和密码")
    entry1 = Entry(win,textvariable=txt1, width=16,font=('宋体','16'))
entry2 = Entry(win,textvariable=txt2,width=16,show='*',font=('宋体','16'))
button = Button(win, text='提交', command=mClick,font=('宋体','16'))
lab3=Label(win, textvariable = txt3, relief = 'ridge', width = 30,\
font = ('华文新魏','16'))

# 布局设置
lab1.grid(row=0,column=0)
lab2.grid(row=1,column=0)
entry1.grid(row=0,column=1)
entry2.grid(row=1,column=1)
lab3.grid(row=2,column=0,columnspan=2)
button.grid(row=2,column=2)
```
把区域划分为 3 行 3 列的网格

```
win.mainloop()
```

程序运行结果如图 4.8 所示。

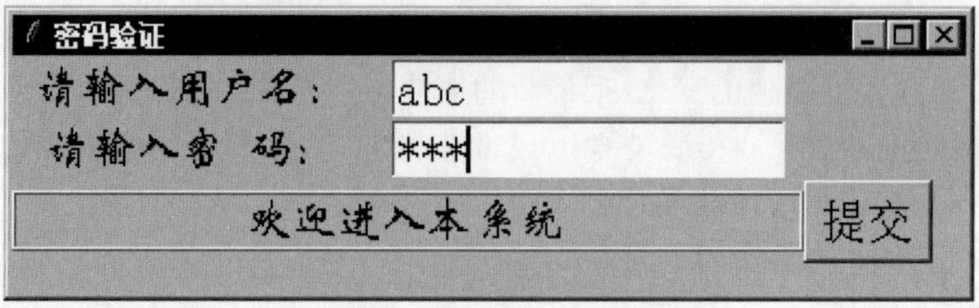

图 4.8 密码框组件程序运行结果

视频讲解

4.5 其他常用组件

4.5.1 单选按钮和复选框

单选按钮 Radiobutton 和复选框 Checkbutton 是一组表示多种"选择"的组件。它们都只有两种状态："选中/未选中"（ON/OFF），其属性和方法都类似，故把它们放在一起介绍。

单选按钮和复选框的常用属性选项如表 4.5 所示。

表 4.5　单选按钮和复选框常用属性选项

属性选项	说明
command	用户选择改变按钮状态，调用相应的方法
text	按钮上的文字内容
variable	组件状态变量，值为 1 时，表示被选中；值为 0 时，表示没选中
onvalue	组件被选中，状态变量值为 1
offvalue	组件没有选中，状态变量值为 0
state	是否可选，当 state='disabled'时，该选项为灰色，不能选择

在创建单选按钮或复选框时，要先声明一个选择状态变量：

```
chVarDis = tk.IntVar()
```

该变量记录单选按钮或复选框是否被选中的状态，可以通过 chVarDis.get()获取其状态，其状态值为 int 类型，选中为 1；未选中为 0。

另外，复选框 Checkbutton 对象的 select()方法表示选中，deselect()方法表示未选中。

【例 4.8】　创建包含单选按钮和复选框的窗体。

程序代码如下：

```
from tkinter import *
import tkinter as tk

win = Tk()
win.geometry('400×120')
win.title('单选按钮和复选框示例')

# 显示选择状态的标签
txt = StringVar()
txt.set("请选择")
lab = Label(win,textvariable=txt,relief='ridge',width=30)

# 复选框
chVarDis = tk.IntVar()  # 定义状态变量对象
check1 = tk.Checkbutton(win, text="C语言", variable=chVarDis,\
```

```
        state='disabled')
        check1.select()
```
复选框对象的 select()表示选中

```
        chvarUn = tk.IntVar()  # 定义状态变量对象
        check2 = tk.Checkbutton(win, text="Java", variable=chvarUn)
        check2.deselect()
```
复选框对象的 deselect()表示未选中

```
        chvarEn = tk.IntVar()  # 定义状态变量对象
        check3 = tk.Checkbutton(win, text="Python", variable=chvarEn)
        check3.select()

        # 单选按钮
        chk = ["鲜花", "鼓掌", "鸡蛋"]# 定义几个选项的全局变量

        # 单选按钮回调函数,当单选按钮被单击时执行该函数
        def radCall():
            radSel = radVar.get()
            if radSel == 0:
                txt.set(chk[0])
            elif radSel == 1:
                txt.set(chk[1])
            elif radSel == 2:
                txt.set(chk[2])
            print(radVar.get())

        radVar = tk.IntVar()  # 定义状态变量对象
        for i in range(3):
            curRad = tk.Radiobutton(win, text = chk[i],\
                        variable = radVar, value = i,\
                        command = radCall)
            curRad.grid(column = i, row=5, sticky = tk.W)
```
用循环控制单选按钮组,当其中某个单选按钮被选中时,触发属性 command 对应的方法

```
        # 布局设置
        lab.grid(row=0,column=0,columnspan=3)
        check1.grid(column=0, row=4, sticky=tk.W)
        check2.grid(column=1, row=4, sticky=tk.W)
        check3.grid(column=2, row=4, sticky=tk.W)
```
其中,sticky=tk.W 为设置行列对齐方式,N 表示北/上对齐,S 表示南/下对齐,W 表示西/左对齐,E 表示东/右对齐

```
        win.mainloop()
```

程序运行结果如图 4.9 所示。

4.5.2 标签框架、下拉列表框和滚动文本框

1. 标签框架 LabelFrame

标签框架 LabelFrame 是一个带边框的容器,可以在该容器中放置其他组件。

图 4.9 单选按钮和复选框示例

标签框架 LabelFrame 的构造方法为：

```
ttk.LabelFrame(上一级容器, text="标签显示的文字内容")
```

2. 下拉列表框 Combobox

下拉列表框 Combobox 是常用的一种选值组件，使用下拉列表框时要先声明一个取值变量：

```
number = tk.StringVar()
```

该变量记录在下拉列表框预设的值中所选取的字符值，在下拉列表框中预设的值为一个元组。

下拉列表框 Combobox 的构造方法为：

```
ttk.Combobox(容器, width=宽度, textvariable=取值变量)
```

3. 滚动文本框 ScrolledText

滚动文本框 ScrolledText 是一个带滚动条的文本框，可以输入多行文本内容。其构造方法为：

```
scr = scrolledtext.ScrolledText(容器, width=文本框宽度, height=文本框高度)
```

【例 4.9】 标签框架、下拉列表框和滚动文本框示例。
程序代码如下：

```
import tkinter as tk
from tkinter import ttk
from tkinter import scrolledtext                # 导入滚动文本框的模块

win = tk.Tk()                                    # 创建一个窗体对象
win.title("Python 组件演示")                      # 设置窗体标题

# 创建一个标签框架容器,
monty = ttk.LabelFrame(win, text=" 标签框架 ")    # 创建一个容器,其父容器为win
monty.grid(column=0, row=0, padx=10, pady=10)
                                     # padx和pady为容器外围需要留出的空间
aLabel = ttk.Label(monty, text="A Label")
```

```
ttk.Label(monty, text="请选择一个数字：").grid(column=1, row=0)

# 按钮的方法
def clickMe():
  action.configure(text='Hello'+' '+numberChosen.get())   # 设置按钮上的文字

# 按钮
action = ttk.Button(monty, text="单击我!", command=clickMe)
action.grid(column=2, row=1)

# 创建一个下拉列表框
num = tk.StringVar()
numberChosen=ttk.Combobox(monty,width=12,textvariable=num,state='readonly')
numberChosen['values'] = (1, 2, 4, 42, 100)◄——  设置下拉列表框的值
numberChosen.grid(column=1, row=1)
numberChosen.current(0)                       # 设置下拉列表框的默认值

# 滚动文本框
scrolW = 30                                   # 设置文本框的长度
scrolH = 3                                     # 设置文本框的高度
scr = scrolledtext.ScrolledText(monty, width=scrolW, height=scrolH)
scr.grid(column=0, columnspan=3)              # columnspan 将3列合并成一列

win.mainloop()                                # 当调用mainloop()时,窗口才会显示出来
```

程序运行结果如图 4.10 所示。

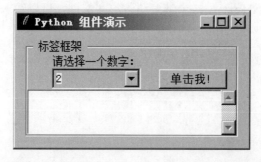

图 4.10 标签框架、下拉列表框和滚动文本框示例

4.6 菜单与对话框

4.6.1 菜单

一个窗体的菜单由菜单条、菜单和菜单项组成，窗体中放置菜单条，菜单条中放置菜单，菜单中放置菜单项，而菜单项引发相应的动作事件，如图 4.11 所示。

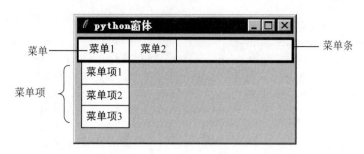

图 4.11 菜单的组成

创建菜单的主要步骤如下：

1）创建菜单条对象

menubar=Menu(窗体容器)

2）把菜单条放置到窗体中

窗体容器.config(menu=menubar)

3）在菜单条中创建菜单

菜单名称=Menu(menubar, tearoff=0)

其中，tearoff 取值为 0 表示菜单不能独立使用。

4）为菜单添加文字标签

menubar.add_cascade(label="文字标签", menu=菜单名称)

5）在菜单中添加菜单项

菜单名称.add_command(label="菜单项名称", command=功能函数名)

【例 4.10】 菜单应用示例。

程序代码如下：

```python
from tkinter import *

class MenuDemo:
    def hello(self):
        print("hello!")

    def __init__(self):
        window = Tk()
        window.title("菜单演示")
        menubar = Menu(window)                    # 定义菜单条
        window.config(menu = menubar)

        # 创建下拉菜单，并添加到菜单条
        # 在菜单条中定义"操作"菜单
        operationMenu = Menu(menubar, tearoff = 0)
        menubar.add_cascade(label = "操作", menu = operationMenu)
```

```
                    # 在菜单添加菜单项
                    operationMenu.add_command(label = "加", command = self.add)
                    operationMenu.add_command(label="减", command=self.subtract)
                    operationMenu.add_separator()                # 菜单项的分隔符
                    operationMenu.add_command(label = "乘", command = self.multiply)
                    operationMenu.add_command(label="除", command=self.divide)

                    exitMenu = Menu(menubar, tearoff = 0)    # 在菜单条中定义"退出"菜单
                    menubar.add_cascade(label = "退出", menu = exitMenu)
                    exitMenu.add_command(label = "退出", command = window.quit)

                    mainloop()
```

关闭窗体，退出系统

```
        def add(self):
            print("相加")
        def subtract(self):
            print("相减")
        def multiply(self):
            print("相乘")
        def divide(self):
            print("相除")

MenuDemo()
```

程序运行结果如图 4.12 所示。

图 4.12   菜单演示示例

4.6.2   对话框

tkinter 提供了 3 种标准的对话框模块：
- 消息对话框（messagebox）；
- 文件对话框（filedialog）；
- 颜色选择对话框（colorchooser）。

1.   无返回值的消息对话框

消息对话框分为无返回值的对话框和有返回值的对话框，这两种消息对话框的导入模

块语句都是一样的。

1）消息对话框的导入模块语句

```
import tkinter
import tkinter.messagebox #这是消息框，对话框的关键
```

2）消息提示框

```
tkinter.messagebox.showinfo('提示','人生苦短')
```

消息提示框如图 4.13 所示。

3）消息警告框

```
tkinter.messagebox.showwarning('警告','明日有大雨')
```

消息警告框如图 4.14 所示。

4）错误消息框

```
tkinter.messagebox.showerror('错误','出错了')
```

错误消息框如图 4.15 所示。

图 4.13 消息提示框   图 4.14 消息警告框   图 4.15 错误消息框

【例 4.11】 无返回值消息对话框示例。

程序代码如下：

```
import tkinter
import tkinter.messagebox

def but_info():
    tkinter.messagebox.showinfo('提示', '人生苦短')

def but_warning():
    tkinter.messagebox.showwarning('警告', '明日有大雨')

def but_error():
    tkinter.messagebox.showerror('错误', '出错了')
```

```
root=tkinter.Tk()
root.title('消息对话框')                          # 标题
root.geometry('400×400')                         # 窗体大小
root.resizable(False, False)                     # 固定窗体
tkinter.Button(root, text='消息提示框',command=but_info).pack()
tkinter.Button(root, text='消息警告框',command=but_warning).pack()
tkinter.Button(root, text='错误消息框',command=but_error).pack()
root.mainloop()
```

运行程序，在窗体中单击"消息提示框"按钮，则弹出消息提示框，如图 4.13 所示。单击"消息警告框"按钮，则弹出消息警告框，如图 4.14 所示。单击"错误消息框"按钮，则弹出错误消息框，如图 4.15 所示。

2. 有返回值的消息对话框

1）askokcancel()

askokcancel()函数在对话框中显示"确定"和"取消"按钮，其返回值分别为 true 或 false，如图 4.16 所示。

例如：

```
a = tkinter.messagebox.askokcancel('提示', '要执行此操作吗')
print(a)
```

当单击对话框中的"确定"按钮时，程序结果为 true；当单击对话框中的"取消"按钮时，程序结果为 false。

2）askquestion()

askquestion()函数在对话框中显示"是"和"否"按钮，其返回值分别为 yes 或 no，如图 4.17 所示。

图 4.16　消息框中显示"确定"和"取消"按钮

图 4.17　消息框中显示"是"和"否"按钮

例如：

```
a = tkinter.messagebox.askquestion('提示', '要执行此操作吗')
print(a)
```

当单击对话框中的"是"按钮时，程序结果为 yes；当单击对话框中的"否"按钮时，程序结果为 no。

3）askretrycancel()

askretrycancel()函数在对话框中显示"重试"和"取消"按钮，其返回值分别为 true 或

false，如图 4.18 所示。

例如：

```
a = tkinter.messagebox.askretrycancel('提示', '要执行此操作吗')
print(a)
```

当单击对话框的"重试"按钮时，程序结果为 true；当单击对话框的"取消"按钮时，程序结果为 false。

4）askyesnocancel()

askyesnocancel()函数在对话框中显示"是""否""取消" 3 个按钮，其返回值分别为 yes、no 或 None，如图 4.19 所示。

图 4.18　消息框中显示"重试"和"取消"按钮　　图 4.19　消息框中显示"是""否""取消"
　　　　　　　　　　　　　　　　　　　　　　　　　　　　　　　　　　3 个按钮

例如：

```
a = tkinter.messagebox.askretrycancel('提示', '要执行此操作吗')
print(a)
```

当单击对话框中的"是"按钮时，程序结果为 true；当单击对话框中的"否"按钮时，程序结果为 false；当单击对话框中的"取消"按钮时，程序结果为 None。

【例 4.12】 有返回值的消息对话框示例。

```
import tkinter
import tkinter.messagebox
def but_okcancel():
    a = tkinter.messagebox.askokcancel('提示', '要执行此操作吗')
    print(a)

def but_askquestion():
    a = tkinter.messagebox.askquestion('提示', '要执行此操作吗')
    print(a)

def but_trycancel():
    a = tkinter.messagebox.askretrycancel('提示', '要执行此操作吗')
    print(a)

def but_yesnocancel():
    a = tkinter.messagebox.askyesnocancel('提示', '要执行此操作吗')
    print(a)
```

```
root=tkinter.Tk()
root.title('消息对话框')              # 标题
root.geometry('400×400')             # 窗体大小
root.resizable(False, False)         # 固定窗体
tkinter.Button(root, text='确定/取消对话框',\
                    command=but_okcancel).pack()
tkinter.Button(root, text='是/否对话框',\
                    command=but_askquestion).pack()
tkinter.Button(root, text='重试/取消对话框',\
                    command=but_trycancel).pack()
tkinter.Button(root, text='是/否/取消对话框',\
                    command=but_yesnocancel).pack()
root.mainloop()
```

3. 文件对话框 filedialog

1）导入文件对话框模块语句

```
import tkinter.filedialog
```

2）获取文件对话框返回值

文件对话框的返回值为文件路径和文件名。

【例4.13】 文件对话框 filedialog 应用示例。

程序代码如下:

```
import tkinter.filedialog


a = tkinter.filedialog.askopenfilename()
print(a)
```

程序运行结果如图 4.20 所示。

图 4.20　文件对话框

4. 颜色选择对话框 colorchooser

colorchooser.askcolor()提供一个用户选择颜色的界面。其返回值是一个二元组，第一个元素是选择的 RGB 颜色值，第二个元素是对应的十六进制颜色值。

【例 4.14】 颜色选择对话框示例。

程序代码如下：

```
import tkinter.colorchooser
from tkinter import *


a = colorchooser.askcolor()
print(a)
```

程序运行结果如图 4.21 所示。选择颜色后，单击"确定"按钮，结果为：

```
((128, 255, 255), '#80ffff')
```

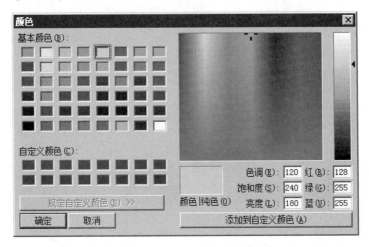

图 4.21 颜色选择对话框

4.7 鼠标和键盘事件

4.7.1 鼠标事件

在 Python 中，tkinter 模块的事件 event 都用字符串描述，格式为：

```
组件对象.bind(event, handler)
```

其中，event 为事件，handler 为处理事件的函数。

鼠标按钮的单击事件的一般格式为：

```
<ButtonPress-n>
```

其中，n 为鼠标按钮，n 为 1 代表左键，n 为 2 代表中键，n 为 3 代表右键。

例如，<ButtonPress–1>，表示按下鼠标的左键。

Python 中，定义的鼠标事件如表 4.6 所示。

表 4.6　鼠标事件

事件	说明
<ButtonPress-n>	鼠标按钮 n 被按下，n 为 1 代表左键，n 为 2 代表中键，n 为 3 代表右键
<ButtonRelease-n>	鼠标按钮 n 被松开
<Bn-Motion>	在按住鼠标按钮 n 的同时，移动鼠标
<Enter>	鼠标进入组件
<Leave>	鼠标离开组件

可以通过鼠标事件 event 获得鼠标位置。坐标点（event.x，event.y）为发生事件时鼠标所在的位置。

【例 4.15】 编写捕获鼠标单击事件的程序。当鼠标在窗体容器中单击时，记录下其坐标位置。

程序代码如下：

```python
from tkinter import *

def callback(event):
    print("clicked at:", event.x, event.y)
    s = (event.x, event.y)
    txt.set(s)

win = Tk()
win.geometry('200×120')
win.title('鼠标事件')

frame = Frame(win, width=200, height=100, bg = 'cyan')
frame.bind("<Button-1>", callback)
frame.pack()

txt =  StringVar()
L = Label(win, width=20, textvariable = txt)
L.pack()
win.mainloop()
```

程序运行结果如图 4.22 所示。

图 4.22　记录单击鼠标的坐标位置

4.7.2 键盘事件

在 Python 中，定义的键盘事件如表 4.7 所示。

表 4.7 键盘事件

事件	说明
\<KeyPress\>	按下任意键
\<KeyRelease\>	松开任意键
\<KeyPress-key\>	按下指定的 key 键
\<KeyRelease-key\>	松开指定的 key 键
\<Prefix-key\>	在按住 prefix 的同时，按下指定的 key 键。其中 prefix 项是 Alt、Shift、Ctrl 中的一项，也可以是它们的组合，如\<Ctrl-Alt-key\>

在捕获键盘事件时，先要用 focus_set()方法把键盘的焦点设置到一个组件上，这样才能捕获到键盘事件。

几个方向键的键值如表 4.8 所示。

表 4.8 方向键的键值

方向键	键值描述		方向键	键值描述	
Up（向上）	keysym=Up	keycode=38	Left（向左）	keysym=Left	keycode=37
Down（向下）	keysym=Down	keycode=40	Right（向右）	keysym=Right	keycode=39

【例 4.16】 通过捕获键盘事件，在窗体中显示按下的键。

程序代码如下：

```
from tkinter import *

win = Tk()
win.title('键盘事件')

def key_action(event):
    print("pressed", repr(event.char))
    s = event.char
    txt.set(s)

def callback(event):
    L.focus_set()    ← 把键盘焦点设置到文本标签上

txt = StringVar()
L = Label(win, width=20, textvariable = txt, font = 'song-36 bold',bg =
'cyan')
L.bind("<KeyPress>", key_action)
L.bind("<Button-1>", callback)
L.pack()
```

```
win.mainloop()
```

程序运行结果如图 4.23 所示。

图 4.23　捕获键盘事件

4.8　案 例 精 选

视频讲解

【例 4.17】　设计一个具有加、减、乘、除功能的简单计算器。
程序代码如下：

```python
import tkinter
from tkinter import *

# 创建横条型框架
def frame(root, side):
  f = Frame(root)
  f.pack(side = side, expand = YES, fill = BOTH)
  return f

# 统一定义按钮样式和风格
def button(root, side, text, command = None):
  btn = Button(root, text = text, font = ('宋体','12'), command = command)
  btn.pack(side = side, expand = YES, fill = BOTH)
  return btn

# 继承了Frame类, 初始化程序界面的布局
class Calculator(Frame):
  def __init__(self):
    Frame.__init__(self)
    self.pack(expand = YES, fill = BOTH)
    self.master.title('简易计算器')
    display = StringVar()

    # 添加显示数字结果的文本框
    Entry(self, relief = SUNKEN, font = ('宋体','20','bold'),\
      textvariable = display).pack(side = TOP, expand = YES,\
        fill = BOTH)

  # 添加"清除"按钮
```

```
clearF = frame(self, TOP)
button(clearF,LEFT,'清除', lambda w = display : w.set(''))
```

lambda 为匿名函数

```
# 添加横条型框架以及里面的按钮
for key in('123+', '456-', '789*', '.0=/'):
    keyF = frame(self, TOP)
    for char in key:
        if char == '=':
            btn = button(keyF, LEFT, char)
            btn.bind('<ButtonRelease - 1>',\
                    lambda e, s = self, w = display:s.calc(w), '+')
        else:
            btn = button(keyF, LEFT, char,\
                    lambda w = display, c = char:w.set(w.get()+c))

# 调用eval()函数计算表达式的值
def calc(self, display):
    try:
        display.set(eval(display.get()))
    except:
        display.set("ERROR")

# 程序的入口
if _ _name_ _ == '_ _main_ _':
 print('ok')
 Calculator().mainloop()
```

程序运行结果如图 4.24 所示。

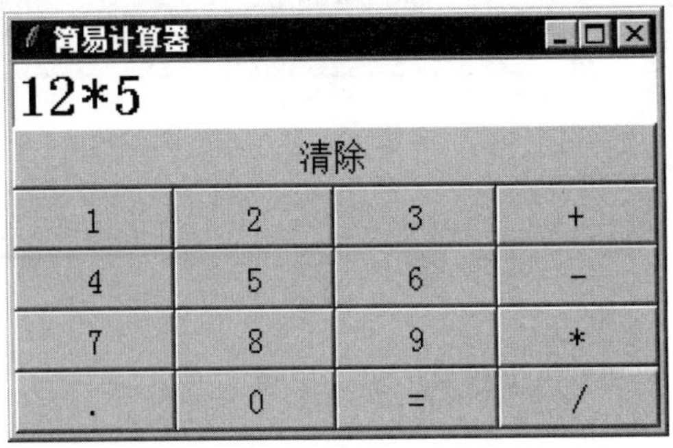

图 4.24　简易计算器

【例 4.18】　编写程序，测试键盘的按键。
编写程序如下：

```
from tkinter import *


win = Tk()
```

```
    win.title('键盘事件')

    def key_action(event):
        if(event.keysym=='Up'):          # keysym = Up      keycode=38
            print( "pressed: Up")
        if(event.keycode==40):           # keysym = Down    keycode=40
            print( "pressed: Down")
        if(event.keycode==37):           # keysym = Left    keycode=37
            print( "pressed: Left")
        if(event.keysym=='Right'):       # keysym = Right   keycode=39
            print( "pressed: Right")
        s = event
        txt.set(s)

    def callback(event):
        L.focus_set()

    txt = StringVar()   #courier
    L = Label(win, width=70, textvariable = txt, font = 'song -16',bg = 'cyan')
    L.bind("<KeyPress>", key_action)
    L.bind("<Button-1>", callback)
    L.pack()

    win.mainloop()
```

运行程序，当按键盘上的某键时，在窗体中显示其相应的键值信息，如图 4.25 所示。

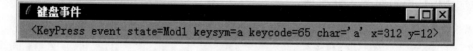

图 4.25　在窗体上显示相应的键值

习　题　4

1. 创建一个窗体，窗体中有一个按钮，单击该按钮后，就会弹出一个新窗体。

2. 设计一个加法计算器，如图 4.26 所示。在文本框中输入两个整数，单击“＝”按钮时，在第 3 个文本框中显示这两个数的和。

3. 编写程序包含一个标签、一个文本框和一个按钮，当用户单击按钮时，程序把文本框中的内容复制到标签中。

4. 设计一个类似 Windows 系统的计算器，要求使用按钮、文本框、布局管理、标签等组件，实现多位数的加、减、乘、除运算功能。

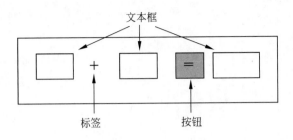

图 4.26 加法计算器

5．编写图形界面的应用程序，该程序包含一个菜单，选择这个菜单的"退出"选项可以关闭窗口并结束程序。

6．设计一个模拟的文字编辑器，并用菜单实现退出功能。

第 5 章

Python的图像处理

Python 有很强的图像处理能力，本章分别介绍应用 Pillow 模块和 Open CV 处理图像的方法。

5.1 图像像素的存储形式

为了方便介绍数据图像处理知识，首先要了解图像在计算机中的存储形式。

1. 灰度图

把黑白图像中的白色与黑色之间按对数关系分为若干等级，称为灰度。灰度图为单通道，一个像素块对应矩阵中的一个数字，数值为 0～255，其中 0 表示最暗（黑色），255 表示最亮（白色）。灰度图用矩阵表示如图 5.1 所示（为了方便起见，每列像素值都写一样了）。

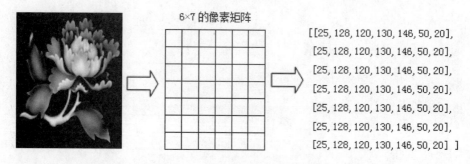

图 5.1　灰度图用矩阵表示

2. RGB 模式彩色图

RGB 模式彩色图用三维矩阵表示如图 5.2 所示。

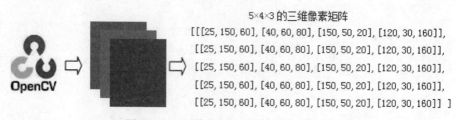

图 5.2　RGB 模式彩色图用三维矩阵表示

视频讲解

5.2 Pillow 模块处理图像

5.2.1 PIL 概述

PIL（Python Imaging Library，Python 图像处理库）提供了通用的图像处理功能，以及大量有用的基本图像操作，如图像缩放、裁剪、旋转、颜色转换等。

1. 安装 Pillow 模块

PIL 仅支持到 Python 2.7 版本，Python 3.x 的 PIL 兼容版本称为 Pillow（Python 3.x 在使用引用模块语句时，仍称为 PIL，即 import PIL）。在命令行窗口中使用 pip 安装 Pillow 模块，其命令为：

```
pip install pillow
```

安装过程如图 5.3 所示。

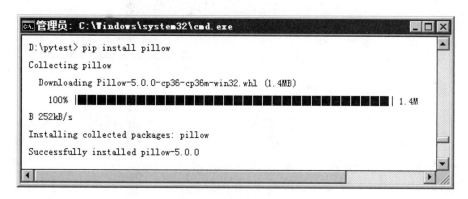

图 5.3 安装 Pillow 模块

2. Pillow 模块的方法

Pillow 模块提供了大量用于图像处理的方法，通过创建的图像对象可以调用这些图像处理方法。Pillow 模块图像处理的常用方法如表 5.1 所示。

表 5.1 Pillow 模块图像处理的常用方法

方法	说明
Image.open("图像文件名")	打开图像文件，返回图像对象
show()	显示图像
Savc("文件名")	保存图像文件
resize(宽高元组)	图像缩放
thumbnail()	创建图像的缩略图
rotate()	旋转图像
transpose(Image.FLIP_LEFT_RIGHT)	图像水平翻转
transpose(Image.FLIP_TOP_BOTTOM)	图像垂直翻转
crop(矩形区域元组)	裁剪图像

方法	说明
paste(裁剪图像对象,矩形区域)	粘贴图像
ImageGrab.grab(矩形区域元组)	屏幕截图,若区域为空,则表示全屏幕截图
filter(ImageFilter.EDGE_ENHANCE)	图像增强
filter(ImageFilter.BLUR)	图像模糊
filter(ImageFilter.FIND_EDGES)	图像边缘提取
point(lambda i:i*r)	图像点运算。r>1,图像变亮;r<1,图像变暗
format	查看图像格式的属性值
size	查看图像大小的属性值,格式为(宽度,高度)
getpixel(坐标元组)	读取指定坐标点的像素的颜色值,参数为(x,y)坐标元组,返回值为红、绿、蓝三色分量的值
putpixel((元组 1), (元组 2))	元组 2 的值改变目标像素元组 1 的颜色值
split()	将彩色图像分离为红、绿、蓝三个分量通道。例如:r, g, b = im.split()
Image.merge(im.mode, (r,g,b))	将红、绿、蓝三个分量通道合并成一个彩色图像
enhance(n)	对比度增强为原来的 n 倍(n 为实数)。例如:`img = ImageEnhance.Contrast(img)` `img = im.enhance(1.5)  # 对比度增强为原图的 1.5 倍`

5.2.2　PIL 的图像处理方法

利用 PIL 中的函数,可以从大多数图像格式的文件中读取数据,然后写入最常见的图像格式文件中。PIL 中常用的模块为 Image 和 ImageTk。Image 用于加载图像文件,得到 PIL 图像对象,而 ImageTk 模块负责对 PIL 对象进行各种图像处理。例如,要读取一幅图像,可以使用:

```
from PIL import Image
img = Image.open("img1.gif")
```

上述代码的返回值img是一个PIL图像对象。可以对这个PIL图像对象进行各种处理。下面介绍几个典型的图像处理的应用示例。

1. 图像的打开和显示

【例 5.1】 打开和显示图像示例。

程序代码如下:

```
import tkinter
from PIL import Image, ImageTk


win = tkinter.Tk()
win.title('图像显示')
win.geometry('300x300')                    # 定义窗体的大小 300 像素×300 像素


can = tkinter.Canvas(win,                   # 创建画布组件
```

```
    bg='white',                          # 指定画布组件的背景色
    width=300,                           # 指定画布组件的宽度
    height=300)                          # 指定画布组件的高度

image = Image.open("dukou.jpg")          # 打开图像文件
img = ImageTk.PhotoImage(image)          # 获取图像像素
can.create_image(160,120,image=img)      # 将图像添加到画布组件中
can.pack()                               # 将画布组件添加到主窗口

win.mainloop()
```

程序运行结果如图 5.4 所示。

图 5.4 打开和显示图像

2. 建立图像的缩略图

使用 PIL 可以很方便地创建图像的缩略图。PIL 图像对象的 thumbnail(size) 方法将图像转换为由元组参数设定大小的缩略图。

【例 5.2】 建立图像缩略图示例。

程序代码如下：

```
import tkinter
from tkinter import Label
from PIL import Image, ImageTk
import os

win = tkinter.Tk()
win.title('建立图像缩略图')
```

```
win.geometry('200x200')                          # 定义窗体大小为 400 像素×200 像素

def imgshow():
    size = (64, 64)                              # 设置缩略图尺寸的元组参数
    img = Image.open("dukou.jpg")
    img.thumbnail(size)
    img.save("dukou(1).jpg", "JPEG")             # 保存缩略图为 dukou(1).jpg
    photo = ImageTk.PhotoImage(file='dukou(1).jpg')
    label = Label(win, image=photo)
    label.pack()
    label.image = photo

tkinter.Button(win, text='建立图像缩略图 ',command=imgshow).pack()
win.mainloop()
```

运行程序，单击“建立图像缩略图”按钮后，则将当前文件夹中名为 dukou.jpg 的图像文件生成 64×64 像素的缩略图，如图 5.5 所示。

图 5.5　生成图像缩略图

3. 增强图像处理

使用 PIL 可以很方便地对图像进行各种数字图像处理。例如，应用 filter()方法的 ImageFilter.EDGE_ENHANCE 属性可以将图像的对比度增强。

【例 5.3】　增加图像的对比度示例。

程序代码如下：

```
import tkinter
from tkinter import Label
from PIL import Image, ImageTk, ImageEnhance, ImageFilter

win = tkinter.Tk()
win.title('增强图像')
win.geometry('400x200')                          # 定义窗体大小为 400 像素×200 像素

photo = Image.open('dukou.jpg')
img1 = ImageTk.PhotoImage(photo)                 # 获取图像像素
```

```
label_1 = Label(win, image=img1)                    # 显示原图

def imgshow():
img = photo.filter(ImageFilter.EDGE_ENHANCE)
    img2 = ImageTk.PhotoImage(img)                  # 获取图像像素
    label_2 = Label(win, image=img2).grid(row=1, column=1) # 显示增强后的图
    label_2.image = img2

button = tkinter.Button(win, text='增强图像处理 ',command=imgshow)

button.grid(row=0, column=0, columnspan=2)
label_1.grid(row=1, column=0)

win.mainloop()
```

程序运行结果如图 5.6 所示。

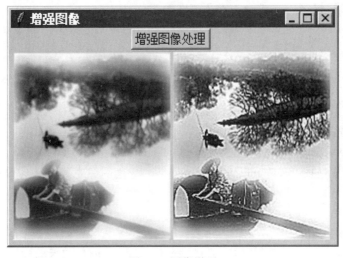

图 5.6　图像增强

5.3　Open CV 数字图像处理

视频讲解

Open CV 是 Open Source Computer Vision Library 的简称，是一个计算机视觉库。Open CV 可用于开发实时的图像处理、计算机视觉以及模式识别程序，目前使用十分广泛。

5.3.1　Open CV 模块的安装和导入

1. 安装 Open CV 模块

Python 的 Open CV 模块名为 opencv-python，在命令行窗口中使用 pip 安装 Open CV 模块，其命令为：

```
pip install opencv-python
```

安装过程如图 5.7 所示。

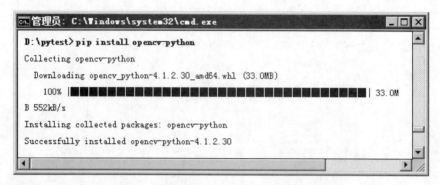

图 5.7　用 pip 安装 Open CV 模块的过程

2. Open CV 模块的导入

导入 Open CV 模块，其名称为 cv2，其导入语句如下：

```
import cv2
```

5.3.2　图像的读取、显示和保存

调用 Open CV 模块的相关函数，就可以很方便地对图像进行操作。下面介绍图像的加载、显示和保存函数及其使用方法。

1. 读取图像函数 imread()

Open CV 的 imread()函数可以读取图像文件，返回图像对象。其基本格式为

```
cv2.imread(img_path, flag)
```

该函数的参数含义如下：

* img_path：图像的路径，即使路径错误也不会报错，但打印返回的图像对象为 None。
* flag：
  —cv2.IMREAD_COLOR，读取彩色图像，为默认参数，也可以传入 1。
  —cv2.IMREAD_GRAYSCALE，按灰度模式读取图像，也可以传入 0。
  —cv2.IMREAD_UNCHANGED，读取图像，包括其 alpha 通道，也可以传入-1。

2. 显示图像函数 imshow()

Open CV 的 imshow()函数在自适应图像大小的窗口中显示图像。其基本格式为

```
cv2.imshow(window_name,img)
```

该函数的参数含义如下：

* window_name：指定窗口的名字。
* img：显示的图像对象。

该函数可以指定多个窗口名称，显示多个图像。

3. 保持窗体显示的函数

由于 imshow()函数显示图像的窗口会发生闪退，图像无法显示出来，因此，需要使用 waitKey()使窗口保持显示状态。waitKey()的格式为：

```
cv2.waitKey(millseconds)
```

其中，参数 millseconds 为设定时间数（毫秒），在该时间内等待键盘事件；当参数为 0 时，会无限等待。

通常与 waitKey()配合使用的还有销毁窗口函数 destroyAllWindows()，其格式为：

```
cv2.destroyAllWindows(window_name)
```

其中，参数 window_name 为需要关闭的窗口。

4. 保存图像函数 imwrite()

保存图像函数的格式为：

```
cv2.imwrite((img_path_name, img)
```

其中，参数 img_path_name 为保存的文件名，img 为需要保存的图像对象。

【例 5.4】 使用 Open CV 模块打开和显示图像示例。

程序代码如下：

```
import cv2

img = cv2.imread('test.jpg', 0)       # 读取图像，参数 0 表示灰度
cv2.imshow('title', img)              # 显示图像，第 1 个参数为图像窗体的标题
cv2.imwrite('Grey_img.jpg', img)      # 保存灰度图像
cv2.waitKey(0)                        # 等待图像的关闭
cv2.destroyAllWindows()               # 关闭和销毁图像窗口
```

程序运行结果如图 5.8 所示。

图 5.8 使用 Open CV 打开和显示图像

5.3.3 绘制基本几何图形

视频讲解

1. 在图像上绘制点和直线

1）绘制点

在 OPen CV 中,当绘制一个半径很小的圆时,就是一个点了。其函数为:

```
cv2.circle(img, center, radius, color[, thickness[, lineType[,shift]]])
```

函数的参数含义如下:

- img:要画的圆所在的矩形或图像。
- center:圆心坐标,如 (100, 100)。
- radius:半径,如 10。
- color:圆边框颜色,如 (0, 0, 255)表示红色,为 BGR。
- thickness:取正值时表示圆的边框宽度,取负值时表示画一个填充圆形。
- lineType:圆边框线型,可为 0、4、8。
- shift:圆心坐标和半径的小数点位数。

2）绘制直线

绘制直线函数为:

```
cv2.line(img, pt1, pt2, color[, thickness[, lineType[, shift]]])
```

函数的参数含义如下:

- img:要画的圆所在的矩形或图像。
- pt1:直线的起点。
- pt2:直线的终点。
- color:线条的颜色,如(0, 0, 255)表示红色,为 BGR。
- thickness:线条的宽度
- lineType:取值 4 或 8 (-- 8:8 连通线段,-- 4:4 连通线段)。

【例 5.5】 在图像上绘制点和直线示例。

程序代码如下:

```
import cv2 as cv
point_size = 5
point_color = (0, 0, 255)          # BGR
thickness = 4                      # 可以为 0,4,8
img = cv.imread('xiamen.jpg',1)
# 要画的点的坐标
points_list = [(80, 12), (320, 200)]
for point in points_list:
    cv.circle(img, point, point_size, point_color, thickness)
# 直线的起点和终点坐标
ptStart = (80, 14)
ptEnd = (318, 200)
lineType = 4
```

```
cv.line(img, ptStart, ptEnd, point_color, thickness, lineType)
cv.imshow('a_window', img)
cv.waitKey(0)
cv.destroyAllWindows()
```

程序运行结果如图 5.9 所示。

图 5.9 在图像上绘制点和直线

2. 在图像上绘制矩形和注释文字

1）绘制矩形

绘制矩形函数为：

```
cv2.rectangle(img,pt1,pt2,color,thickness)
```

函数的参数意义如下：

- img：指定的图片。
- pt1：矩形左上角点的坐标。
- pt2：矩形右下角点的坐标。
- color：线条的颜色 (RGB) 或亮度（灰度图像 ）(grayscale image)。
- thickness：组成矩形的线条的粗细程度。取负值（如 CV_FILLED）时函数绘制填充
  了色彩的矩形。

2）注释文字

显示文字函数为：

```
cv2.putText(img, str, origin, font, size, color, thickness)
```

其中，各参数依次是：图片、添加的文字、左上角坐标、字体、字体大小、颜色和字体粗细。

【例 5.6】 在图片上显示矩形框及文字。

程序代码如下：

```python
import cv2 as cv

color1 = (0, 0, 255)
color2 = (255, 0, 0)
x = 140
y = 170
row = 150
col = 180
img = cv.imread('face.jpg', 1)
cv.rectangle(img, (x, y), (x+row, y+col), color1, 3)
cv.putText(img, 'face', (30, 150), cv.FONT_HERSHEY_COMPLEX, 3, color2, 11)

cv.imshow('a_window', img)
cv.waitKey(0)
cv.destroyAllWindows()
```

程序运行结果如图 5.10 所示。

图 5.10　在图像上绘制矩形框和文字

5.4　案例精选

5.4.1　用画布绘制图形

画布 Canvas 是图形用户界面 tkinter 的组件，它是一个矩形区域，用于绘制图形或作为容器放置其他组件。

视频讲解

Canvas 对象包含了大量的绘图方法，表 5.2 列出了常用的绘图方法。

表 5.2　Canvas 对象常用的绘图方法

方法	说明
create_line(x1, y1, x2, y2)	绘制一条从(x1,y1)到(x2,y2)的直线
create_rectangle(x1, y1, x2, y2)	绘制一个左上角为(x1,y1)、右下角为(x2,y2)的矩形
create_polygon(x1,y1, x2, y2, x3, y3, x4, y4, x5, y5, x6, y6)	绘制一个顶点为(x1,y1)、(x2,y2)、(x3,y3)、(x4,y4)、(x5,y5)、(x6,y6)的多边形
create_oval(x1, y1, x2, y2, fill='color')	绘制一个左上角为(x1,y1)、右下角为(x2,y2)的外接矩形所包围的圆，fill 为填充颜色
create_arc(x1, y1, x2, y2, start=s0,extent=s)	绘制在左上角为(x1,y1)，右下角为(x2,y2)的外接矩形所包围的一段圆弧，圆弧角度为 s，从 s0 开始
create_image(w, h, anchor=NE, image=filename)	在 w 宽、h 高的矩形区域内显示文件名为 filename 的图像
move(obj, x, y)	移动组件 obj。x 为水平方向变化量，y 为垂直方向变化量

【例 5.7】　绘制笑脸。

程序代码如下：

```
import tkinter
import tkinter.messagebox
win = tkinter.Tk()
win.title('画布示例')
win.geometry('250x250')

can = tkinter.Canvas(win, height=250, width=250)        # 定义画布
io1 = can.create_oval(35,30,210,210, fill='yellow')     # 画一个黄色的圆
io2 = can.create_oval(70,70,180,180, fill='black')
io3 = can.create_oval(65,70,185,170, outline='yellow', fill='yellow')
io4 = can.create_oval(80,100,110,130, fill='black')
io5 = can.create_oval(150,100,180,130, fill='black')

can.pack()
win.mainloop()
```

程序运行结果如图 5.11 所示。

【例 5.8】　用方向键移动矩形块。

tkinter 的画布 Canvas 类可以用于设计简单动画，使用 move(tags、dx、dy)方法实现移动图片或文字等组件。Canvas 的 update()方法为刷新界面，重新显示画布。

程序代码如下：

```
import time
from tkinter import *

x = 50
```

图 5.11　绘制笑脸

```
y = 50
#（1）定义窗口
win = Tk()
win.title("移动小矩形块")
#（2）定义画布
canvas = Canvas(win,width=400,height=400)
canvas.pack()           # 显示画布
#（3）定义矩形块
rect = canvas.create_rectangle(x, y, x+30, y+30, fill='red')
print(rect)
#（4）定义移动小矩形的函数
def moveRect(event):
    if event.keysym == 'Up':
 canvas.move(rect, 0, -3)
    elif event.keysym == 'Down':
        canvas.move(rect, 0, 3)
    elif event.keysym == 'Left':
        canvas.move(rect, -3, 0)
    elif event.keysym == 'Right':
        canvas.move(rect, 3, 0)
    win.update()           # 界面刷新
    time.sleep(0.05)       # 休眠
```

keysym == 键值（方向键）
move(组件，x 坐标增量，y 坐标增量)

```
#（5）绑定方向键
canvas.bind_all('<KeyPress-Up>', moveRect)
canvas.bind_all('<KeyPress-Down>', moveRect)
canvas.bind_all('<KeyPress-Left>', moveRect)
canvas.bind_all('<KeyPress-Right>', moveRect)
```

绑定键盘事件

```
win.mainloop()
```

程序运行结果如图 5.12 所示。

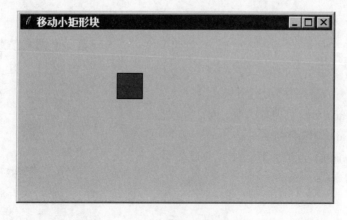

图 5.12   用方向键移动小矩形块

5.4.2 识别二维码及条形码

pyzbar 是 Python 的一个开源库，用于扫描、识别二维码和条形码信息。用 pip 安装 pyzbar 库，其命令为：

视频讲解

```
pip install pyzbar
```

【例 5.9】 设有条形码图片 bar_code.jpg 和二维码图片 two_bar_code.jpg，编写一个识别二维码及条形码的程序。

程序代码如下：

```python
from pyzbar import pyzbar
import matplotlib.pyplot as plt
import cv2

# 条码定位及识别
def decode(image, barcodes):
    # 循环检测到的条形码
    for barcode in barcodes:
        # 提取条形码的边界框的位置
        # 画出图像中条形码的边界框
        (x, y, w, h) = barcode.rect
        cv2.rectangle(image, (x, y), (x + w, y + h), (255, 0, 0), 5)
        # 条形码数据为字节对象，所以如果想在输出图像上
        # 画出来，就需要先将它转换为字符串
        barcodeData = barcode.data.decode("utf-8")
        barcodeType = barcode.type
        # 绘出图像上条形码的数据和条形码类型
        text = "{} ({})".format(barcodeData, barcodeType)
        cv2.putText(image, text, (x, y - 10),
    cv2.FONT_HERSHEY_SIMPLEX, .8, (255, 0, 0), 2)
        # 向终端打印条形码数据和条形码类型
        print("[INFO] Found {} barcode: {}".format(barcodeType,
barcodeData))
    plt.figure(figsize=(10,10))
    plt.imshow(image)
plt.show()

# (1)读取条形码图片
image = cv2.imread('tiaoma.jpg')
# 找到图像中的条形码并进行解码
barcodes = pyzbar.decode(image)
# 识别条形码
decode(image, barcodes)
```

```
#  (2) 读取二维码图片
image = cv2.imread('zsmma.jpg')
# 找到图像中的二维码并进行解码
barcodes = pyzbar.decode(image)
# 识别二维码
decode(image, barcodes)
```

程序运行结果:

```
[INFO] 识别 EAN13 barcode: 6902265501114
[INFO] 识别 QRCODE barcode: http://qr61.cn/odmOqs/qAI1Bft
```

显示结果如图 5.13 所示。

图 5.13   识别条形码及二维码

5.4.3   无人驾驶汽车车道线检测

视频讲解

车道线检测是无人驾驶汽车的一项重要技术。有效地获取车道线信息,对无人驾驶汽车的决策有至关重要的作用。

车道线检测主要步骤及主要算法说明如下。

1. 将视频流转换为一帧帧的图像

在本案例中,为了简化程序,将其省略为加载图像。

```
src = cv2.imread('gaosu_lane.jpg')
```

2. 对图像进行去噪处理

使用高斯滤波对图像进行去噪处理。

```
src1 = cv2.GaussianBlur(src, (5,5), 0, 0)
```

3. 把图像转换为灰度图

```
src2 = cv2.cvtColor(src1,cv2.COLOR_BGR2GRAY)
cv2.imshow('huidu',src2)
```

其效果如图 5.14 所示。

图 5.14　灰度图

4. 边缘处理，提取图像的轮廓

```
src3 = cv2.Canny(src2,lthrehlod,hthrehlod)
cv2.imshow('bianyuan',src3)
```

其效果如图 5.15 所示。

图 5.15　图像的轮廓

5. 保留感兴趣的区域并提取轮廓图中的直线

　　因为在实际应用中摄像头固定在车上，所拍摄的图像中特定的部分包含车道线，它一般都位于图片的中下部，所以只需要对这个区域进行处理即可；然后使用霍夫变换原理，提取轮廓图中的直线。

```
regin = np.array([[(0,src.shape[0]),(460,325),
(520,325),(src.shape[1],src.shape[0])]])
mask = np.zeros_like(src3)
mask_color = 255        # src3 图像的通道数是 1,且是灰度图像,所以颜色值为 0~255
cv2.fillPoly(mask,regin,mask_color)
```

```
src4 = cv2.bitwise_and(src3,mask)
cv2.imshow('bianyuan',src4)
```

其效果如图 5.16 所示。

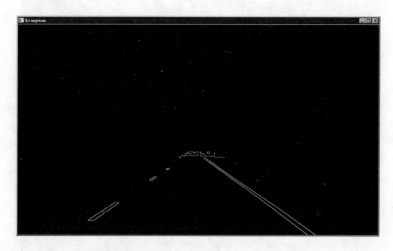

图 5.16　在感兴趣区域提取轮廓图中的直线

6. 优化处理并画出车道线

在第 5 步中提取到的图像中包含了很多直线,其中有很多直线是不需要的,这就需要去掉冗余的直线。具体的办法如下:首先对直线点集根据斜率的正负分成左右两类直线集;然后再分别对左右直线集进行处理。计算直线集的平均斜率和每条直线的斜率与平均斜率的差值,求出其中差值最大的直线,判断该直线的斜率是否大于阈值,如果大于阈值,就将其去除,然后对剩下的直线继续进行相同的操作,直到满足条件为止。

经过优化处理,得到的直线集依然很多,但是范围已经很小了,进一步采用最小二乘拟合的方式,将这些都用直线拟合,得到最后的左右车道线。

```
good_leftlines = choose_lines(lefts, 0.1)          # 左边优化处理后的点
good_rightlines = choose_lines(rights, 0.1)         # 右边优化处理后的点

leftpoints = [(x1,y1) for left in good_leftlines for x1,y1,x2,y2 in left]
leftpoints = leftpoints+[(x2,y2) for left in good_leftlines for x1,y1,x2,y2
in left]
rightpoints = [(x1,y1) for right in good_rightlines for x1,y1,x2,y2 in right]
rightpoints = rightpoints+[(x2,y2) for right in good_rightlines for x1,y1,x2,y2
in right]

lefttop = clac_edgepoints(leftpoints,325,src.shape[0])  # 左右车道线的端点
righttop = clac_edgepoints(rightpoints,325,src.shape[0])

src6 = np.zeros_like(src5)

cv2.line(src6,lefttop[0],lefttop[1],linecolor,linewidth)
```

```
cv2.line(src6,righttop[0],righttop[1],linecolor,linewidth)
```

```
cv2.imshow('onlylane',src6)
```

其效果如图 5.17 所示。

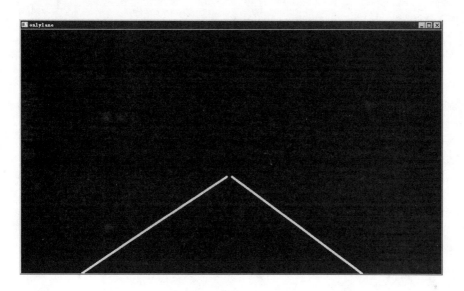

图 5.17　画出车道线

7. 图像合成

将所画的车道线与原图像进行叠加,得到合成的图像。

```
src7 = cv2.addWeighted(src1,0.8,src6,1,0)
cv2.imshow('Finally Image',src7)
```

其效果如图 5.18 所示。

图 5.18　合成后的图像

8. 完整的无人驾驶汽车车道线检测程序代码

【例5.10】 无人驾驶汽车车道线检测程序。

程序代码如下：

```python
import cv2
import numpy as np

# 读取图片
src = cv2.imread('line.jpg')

# 高斯降噪
src1 = cv2.GaussianBlur(src, (5,5), 0, 0)
# cv2.imshow('gaosi', src1)

# 灰度处理
src2 = cv2.cvtColor(src1, cv2.COLOR_BGR2GRAY)
# cv2.imshow('huidu', src2)

# 边缘检测
lthrehlod = 50
hthrehlod =150
src3 = cv2.Canny(src2, lthrehlod, hthrehlod)
# cv2.imshow('bianyuan', src3)

# ROI 划定区间,并将非此区间变成黑色
regin = np.array([[(0,src.shape[0]), (460,325),
(520,325),(src.shape[1], src.shape[0])]])
mask = np.zeros_like(src3)
mask_color = 255     # src3 图像的通道数是1，且是灰度图像，所以颜色值为0～255
cv2.fillPoly(mask,regin, mask_color)
src4 = cv2.bitwise_and(src3, mask)
# cv2.imshow('bianyuan', src4)

# 利用霍夫变换原理找出图中的像素点组成的直线，然后画出来
rho = 1
theta = np.pi/180
threshold =15
minlength = 40
maxlengthgap = 20
lines = cv2.HoughLinesP(src4, rho, theta, threshold, np.array([]),
minlength, maxlengthgap)
# 画线
linecolor =[0, 255, 255]
linewidth = 4
src5 = cv2.cvtColor(src4, cv2.COLOR_GRAY2BGR)     # 转换为三通道的图像
```

```
lefts =[]
rights =[]
for line in lines:
    for x1,y1,x2,y2 in line:
        # cv2.line(src5,(x1,y1),(x2,y2),linecolor,linewidth)
        # 分左右车道
        k = (y2-y1)/(x2-x1)
        if k<0:
                lefts.append(line)
        else:
                rights.append(line)

# 优化处理
def choose_lines(lines,threshold):              # 过滤斜率差别较大的点
        slope =[(y2-y1)/(x2-x1) for line in lines for x1,x2,y1,y2 in line]
        while len(lines) >0:
                mean = np.mean(slope)            # 平均斜率
                diff = [abs(s- mean) for s in slope]
                idx = np.argmax(diff)
                if diff[idx] > threhold:
                        slope.pop(idx)
                        lines.pop(idx)
                else:
                        break

        return lines

def clac_edgepoints(points,ymin,ymax):          # 寻找直线的端点
        x = [p[0] for p in points ]
        y = [p[1] for p in points ]

        k = np.polyfit(y, x, 1)
        func = np.poly1d(k)
        xmin = int(func(ymin))
        xmax = int(func(ymax))

        return  [(xmin,ymin),(xmax,ymax)]

good_leftlines = choose_lines(lefts, 0.1)      # 处理后的点
good_rightlines = choose_lines(rights, 0.1)

leftpoints = [(x1,y1) for left in good_leftlines
for x1,y1,x2,y2 in left]
leftpoints = leftpoints+[(x2,y2) for left in good_leftlines
for x1,y1,x2,y2 in left]
```

```
rightpoints = [(x1,y1) for right in good_rightlines
for x1,y1,x2,y2 in right]
rightpoints = rightpoints+[(x2,y2) for right in good_rightlines
for x1,y1,x2,y2 in right]

lefttop = clac_edgepoints(leftpoints,325,src.shape[0])    # 左车道线的端点
righttop = clac_edgepoints(rightpoints,325,src.shape[0])  # 右车道线的端点

src6 = np.zeros_like(src5)
cv2.line(src6, lefttop[0], lefttop[1], linecolor, linewidth)
cv2.line(src6, righttop[0], righttop[1], linecolor, linewidth)

#cv2.imshow('onlylane',src6)

# 图像叠加
src7 = cv2.addWeighted(src1, 0.8, src6, 1, 0)
cv2.imshow('Finally Image', src7)

cv2.waitKey(16000)            # 等待图片的关闭
cv2.destroyAllWindows()       # 关闭和销毁图片窗口
```

习 题 5

1. 绘制一个带阴影的小矩形块。

2. 设计一个图片浏览器,单击"上一张"按钮,则显示前一张图片;单击"下一张"按钮,则显示后一张图片。

3. 编写一个程序,显示图像的轮廓,如图 5.19 所示。

(a) 原图

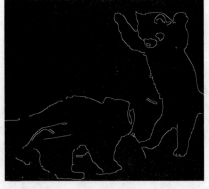
(b) 轮廓图

图 5.19　显示图像的轮廓

第 6 章

文件与数据库编程（数据存储）

6.1 文件目录

文件目录简称为目录，又称为文件夹，是文件系统中用于组织和管理文件的一种结构对象。对文件目录的主要操作有创建目录、删除目录、获取目录等。

Python 中对文件和目录的操作需要使用到 os 模块和 shutil 模块。

6.1.1 文件目录函数

Python 对文件目录操作定义了许多函数，常用的目录操作函数如表 6.1 所示。

表 6.1 常用的目录操作函数

函数	说明
os.mkdir("path")	创建目录
os.mkdirs("path")	创建多层目录
os.rmdir("dir")	只能删除空目录
shutil.rmtree("dir")	空目录、有内容的目录都可以删
os.rename("oldname","newname")	重命名目录
os.path.exists("path")	判断目录是否存在
os.path.isdir("path")	判断目标是否为目录
shutil.copytree("olddir","newdir")	复制目录
shutil.move("olddir","newdir")	移动目录

6.1.2 文件目录操作

1. 创建文件目录

在 Python 中，应用 os 模块的 mkdir() 函数创建文件目录，其语句格式如下：

```
os.mkdir(path)
```

其中，参数 path 为要创建的文件目录名。

【例 6.1】 创建一个名为 d:\py_test 的目录。

程序代码如下：

```
import os
os.mkdir("d:\\py_test")
```

将程序保存为 ex6_5.py，运行程序，则在 D 盘根目录下新建 py_test 目录。

【例 6.2】 创建一个名为 d:\mqtt\web 的多层文件目录。

程序代码如下：

```
# 导入os模块
import os
def mkdir(path):
    path=path.strip()              # 去除首位空格
    path=path.rstrip("\\")         # 去除尾部\符号
    # 判断目录路径是否存在
    # 存在      true
    # 不存在    false
    isExists=os.path.exists(path)
    # 判断结果
    if not isExists:
        # 如果不存在则创建目录
        # 创建目录操作函数
        os.makedirs(path)
        print(path+' 创建成功')
        return True
    else:
        # 如果目录存在则不创建，并提示目录已存在
        print(path+' 目录已存在')
        return False


# 定义要创建的目录
mkpath= "d:\\mqtt\\web\\"
# 调用函数
mkdir(mkpath)
```

在本程序中，语句 os.path.exists(path)用来判断一个目录是否存在。

将程序保存为 ex6_2.py,运行程序,则在 D 盘根目录下新建两层文件目录 d:\mqtt\web。

2. 删除文件目录

删除文件目录的语句有两种：

1）os.rmdir(path)

该语句只能删除空目录。

2）shutil.rmtree(path)

该语句对于空目录或有内容的目录都可以删除。

【例 6.3】 删除例 6.2 所建立的 d:\mqtt 文件目录。

程序代码如下：

```
import shutil
import os

rmpath = "d:\\qttc"
isExists = os.path.exists(rmpath)
if isExists:    # 判断要删除的目录是否存在，若存在，则执行删除操作
    shutil.rmtree(rmpath)
    print('删除目录 ' + rmpath + ' 成功')
else:
    print('要删除的目录不存在！')
```

将程序保存为 ex6_3.py，运行程序后，则在 D 盘根目录下的 mqtt 文件目录已被删除，该目录下的 web 子目录也一并被删除。

3. 复制文件目录

在 Python 中应用 shutil 模块的 copytree()函数复制文件目录，其语句格式如下：

```
shutil.copytree(oldpath, newpath)
```

其中，参数 oldpath 和 newpath 为目录名，目录 oldpath 必须存在且目录 newpath 必须不存在。

【例 6.4】 复制文件目录 d:\pytest 到 e:\test。

程序代码如下：

```
import shutil
import os

oldpath = "d:\\pytest"
newpath = "e:\\test"
isExists=os.path.exists(oldpath)
if isExists:
    shutil.copytree(oldpath, newpath)
    print('文件夹' + oldpath + '复制到' + newpath + '成功')
else:
    print('要复制的文件夹不存在！')
```

将程序保存为 ex6_4.py，运行程序后，文件目录 d:\pytest 连同该目录下的所有文件全部复制到 e:\test 下。

6.2 文件的读写操作

视频讲解

6.2.1 文件操作函数

Python 对文件操作定义了许多函数，常用的文件操作函数如表 6.2 所示。

表 6.2　常用的文件操作函数

函数	说明
os.mknod("test.txt")	创建空文件
open("test.txt",w)	打开一个文件，如果文件不存在则创建文件
shutil.copyfile("oldfile","newfile")	复制文件
os.rename("oldname","newname")	重命名文件
shutil.move("oldpos","newpos")	移动文件
os.remove("file")	删除文件
os.path.isfile("goal")	判断目标是否为文件
os.path.exists("goal")	判断文件是否存在

6.2.2　打开和关闭文件

1. 打开文件

在 Python 中，使用 open()函数可以打开一个已经存在的文件，或创建一个新文件。打开文件时将创建一个文件对象。其一般格式为：

```
f = open(文件名，访问模式)
```

其中，f 为创建的文件对象，参数"访问模式"如表 6.3 所示。

表 6.3　文件参数"访问模式"

访问模式	处理方式	功能说明	
		文件存在时	文件不存在时
r	只读	以只读方式打开文本文件	返回 NULL
w	只写	以只写方式打开或创建文本文件，并将源文件内容清空	创建新文件
a	追加	以追加方式打开文本文件，允许在文件末尾写入数据	创建新文件
rb	只读	以只读方式打开二进制文件	返回 NULL
wb	只写	以只写方式打开或创建二进制文件，源文件内容清空	创建新文件
ab	追加	以追加方式打开二进制文件，允许在文件末尾写数据	创建新文件
r+	读写	以读写方式打开文本文件	返回 NULL
w+	读写	以读写方式打开或创建文本文件，源文件内容清空	创建新文件
a+	读写	以读写方式打开文本文件，允许读或在文件末尾追加数据	创建新文件
rb+	读写	以读写方式打开二进制文件	返回 NULL
wb+	读写	以读写方式打开或创建二进制文件，源文件内容清空	创建新文件
ab+	读写	以读写方式打开二进制文件，允许读或在文件末尾追加数据	—

2. 关闭文件

文件操作完成之后，需要将文件对象关闭，其一般格式为：

```
f.close()
```

6.2.3　读取文件操作

Python 使用 read()函数、readline()函数、readlines()函数实现读取文件的操作。

1. read()函数

使用 read()函数可以读取文件内容，其一般格式为：

```
str = f.read([b])
```

其中：

- f为文件对象；
- 参数 b 为指定读取的字节数，如果不指定，则读取全部内容；
- str 为字符串，存放读取的内容。

【例 6.5】 设有文件 a.txt，其文件内容为 Hello Python，编写程序读取该文件中的内容，并显示到屏幕上。

程序代码如下：

```
import os
f = open("a.txt", "r")
str = f.read()
print(str)
f.close()
```

将程序保存为 ex6_5.py，程序运行结果如下：

```
Hello Python
```

2. readline()函数

使用 readline()函数可以逐行读取文件的内容，其一般格式为：

```
str = f.readline()
```

【例 6.6】 有文件"荷塘月色.txt"，其文件内容为：

```
荷塘月色
剪一段时光缓缓流淌，
流进了月色中微微荡漾，
弹一首小荷淡淡的香，
美丽的琴音就落在我身旁。
```

编写程序，用 readline()函数逐行读取文件的内容。

程序代码如下：

```
import os
f = open("荷塘月色.txt", "r")
while True:
    str = f.readline()
    print(str)
    if not str:
        break
f.close()
```

将程序保存为 ex6_6.py，程序运行结果如下：

荷塘月色
剪一段时光缓缓流淌，
流进了月色中微微荡漾，
弹一首小荷淡淡的香，
美丽的琴音就落在我身旁。

3. readlines()函数

使用 readlines()函数可以一次读取文件中所有行的内容，其一般格式为：

```
str = f.readlines()
```

【例 6.7】 编写程序，用 readlines()函数读取例 6.6 中"荷塘月色.txt"的文件内容。
程序代码如下：

```
import os
f = open("荷塘月色.txt", "r")
str = f.readlines()
print(str)
f.close()
```

将程序保存为 ex6_7.py。程序运行结果如下：

```
['荷塘月色\n', '剪一段时光缓缓流淌\n', '流进了月色中微微荡漾\n', '弹一首小荷淡淡的
香\n', '美丽的琴音就落在我身旁']
```

6.2.4 写入文件操作

Python 通过函数 write()向文件写入数据，其一般格式为：

```
f.write(content)
```

其中，f 为文件对象；参数 content 为写入文件的数据内容。

【例 6.8】 编写程序，新建文本文件 ex6_8.txt，并向其写入文本数据。
程序代码如下：

```
import os
str = "Hello Python \n向文件写入数据"
f = open("ex6_8.txt", "w")
f.write(str)
f.close()
```

将程序保存为 ex6_8.py，运行程序后，在当前目录下生成一个名为 ex6_8.txt 的文本文
件，其内容为：

```
Hello Python
向文件写入数据
```

【例 6.9】 编写程序，在文件 ex6_8.txt 原数据内容之后，添加"我对学习 Python 很

痴迷!"。

当以 w 模式调用 open()函数打开文件时，如果写入数据到文件中，新内容将覆盖文件中原有数据内容。若要在文件中追加数据，可以以 a 或 a+模式调用 open()函数打开文件。

程序代码如下：

```
import os
f1 = open("ex6_8.txt", "a+")
f1.write("\n我对学习Python很痴迷! ")
f1.close()
f2 = open("ex6_8.txt", "r")
str = f2.read()
print(str)
```

将程序保存为 ex6_9.py，运行程序，其结果如下：

```
Hello Python
向文件写入数据
我对学习Python很痴迷!
```

【**例 6.10**】　编写一个具有保存和读取文件功能的简易记事本程序。

程序代码如下：

```
import tkinter
import datetime
import time
import os
from tkinter import *

root = tkinter.Tk()
root.title('简易记事本')

## "保存文件"按钮事件
def saveText():
  # 在内容上方加一行，显示保存文件的时间
  msgcontent = time.strftime("%Y-%m-%d %H:%M:%S",time.localtime()) +\
  ' 保存数据如下:\n\n'
  str1 = text_msg.get('0.0', 'end')
  text_msg.delete('0.0', 'end')
  text_msg.insert('end', msgcontent, 'green')
  text_msg.insert('end', str1)
  f1 = open("book.dat", "a+")
  f1.write(str1)
  f1.close()

## "读取文件"按钮事件
def readText():
    text_msg.delete('0.0', 'end')
    f2 = open("book.dat", "r")
```

```
        str2 = f2.read()
        text_msg.insert('end',str2)
        f2.close()

##  创建几个frame作为容器
frame_left_center  = tkinter.Frame(width=280, height=200, bg='white')
frame_save  = tkinter.Frame(width=140, height=40)
frame_read  = tkinter.Frame(width=140, height=40)

##  创建需要的几个元素
text_msg = tkinter.Text(frame_left_center);
str1 = StringVar()
button_save = tkinter.Button(frame_save, text='保存文件', command=saveText)
button_read = tkinter.Button(frame_read, text='读取文件', command=readText)

#  创建一个绿色的tag
text_msg.tag_config('green', foreground='#008B00')

#  使用grid设置各个容器位置
frame_left_center.grid(row=1, column=0, padx=2, pady=5)
frame_save.grid(row=2, column=0,sticky='W')
frame_read.grid(row=2, column=0,sticky='E')
#frame_left_top.grid_propagate(0)
frame_left_center.grid_propagate(0)

#  把元素填充进frame
text_msg.grid()
button_save.grid()
button_read.grid()

#  主事件循环
root.mainloop()
```

将程序保存为 ex6_10.py，运行程序。在文本框中输入文字内容，单击"保存文件"按钮后，把输入的字符数据保存到 book.dat 文件中，如图 6.1 所示。

图 6.1　简易记事本

6.2.5 二进制文件的读写

以 rb+或 wb+模式调用 open()函数打开文件，可以对二进制文件进行读写操作。

【例6.11】 设有图片文件 img1.gif，将其数据读出，并写入新建的 img2.gif 文件中。

设计思路：首先从图片文件 img1.gif 中读取数据，将数据存放到变量 byte 中，再将存放在变量中的数据写到文件 img2.gif 中。

程序代码如下：

```python
import os
import tkinter
from tkinter import *

master = Tk()
master.title('复制图片')

# 按钮事件
def copyImage():
    f1 = open("img1.gif", "rb+")
    byte = f1.read()
    f1.close()
    f2 = open("img2.gif", "wb+")
    f2.write(byte)
    f2.close()
    photo2 = PhotoImage(file='img2.gif')
    label_2 = Label(image=photo2)
    label_2.image = photo2
    label_2.grid(row=0, column=1)

photo1 = PhotoImage(file='img1.gif')
label_1 = Label(image=photo1)
label_1.image = photo1
label_1.grid(row=0, column=0)

button_copy = tkinter.Button(master, text='复制图片', command=copyImage)
button_copy.grid(row=1,column=0)

master.mainloop()
```

将程序保存为 ex6_11.py，运行程序后，可以看到在当前目录中，新建了 img2.gif 文件，其图片内容与 img1.gif 完全一致，如图 6.2 所示。

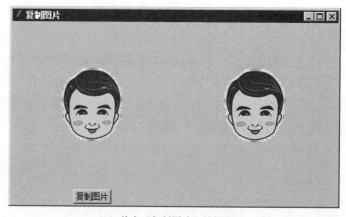

（a）单击"复制图片"按钮之前　　　　　　　　　（b）单击"复制图片"按钮之后

图 6.2　复制图片

6.2.6　对 Excel 数据的读写操作

1. 安装 xlrd/xlwt 模块

Python 操作 Excel 电子表格数据需要用到 xlrd 模块和 xlwt 模块，xlrd 模块用于从 Excel 中读取数据；xlwt 模块用于向 Excel 中写入数据。

xlrd 模块和 xlwt 模块不是 Python 系统自带模块，因此在使用前必须用 pip 安装该模块。用 pip 安装 xlrd 模块的命令如下：

```
pip install xlrd
```

安装情况如图 6.3 所示。

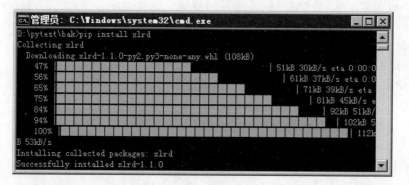

图 6.3　安装 xlrd 模块

用 pip 安装 xlwt 模块的命令如下：

```
pip install xlwt
```

其安装情况与安装 xlrd 模块相同，这里不再赘述。

2. 读取 Excel 表格中的数据

在 Python 中，读取 Excel 表格中的数据的主要步骤如下：

1）导入 xlrd 模块

编写读取 Excel 表格数据的程序，首先需要导入 xlrd 模块：

```
import xlrd
```

2）读取数据并创建文件对象

打开 Excel 文件读取数据，创建文件对象赋值给 workfile：

```
workbook = xlrd.open_workbook(r'd:\\pytest\\demo.xlsx')
```

3）获取工作表

创建表格对象 table 有 3 种方法。

```
table = workbook.sheet_names()              # 获取所有工作表
table = workfile.sheet_by_index(0)          # 通过索引顺序获取
table = workfile.sheet_by_name('Sheet1')    # 通过名称获取
```

4）获取行数和列数

```
nrows = table.nrows                         # 获取工作表的行数
ncols = table.ncols                         # 获取工作表的列数
```

5）获取指定单元格的数据

注意，行和列的索引值都是从 0 开始。

```
cell_A1 = table.cell(0,0).value             # 表格中A1位置的数据
cell_C4 = table.cell(2,3).value             # 表格中C4位置的数据
```

下面举例说明读取 Excel 表格的设计方法。

【例 6.12】 设有 Excel 表格 demo.xlsx，其中第 2 张电子表 Sheet2 的内容如图 6.4 所示。现读出其中的数据内容。

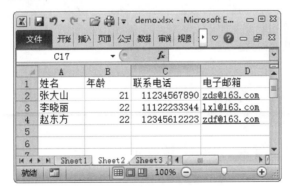

图 6.4 Excel 表格 Sheet2 的内容

程序代码如下：

```
# 导入xlrd模块
import xlrd
```

```python
from datetime import date,datetime

def read_excel():
    # 打开文件
    workbook = xlrd.open_workbook(r'd:\\pytest\\demo.xlsx')
    # 获取所有sheet
    print("有数据表: ")
    print(workbook.sheet_names())

    # 获取第2张表名
    sheet2_name = workbook.sheet_names()[1]

    # 根据sheet索引或名称获取sheet内容
    sheet2 = workbook.sheet_by_index(1)     # sheet索引从0开始
    sheet2 = workbook.sheet_by_name('Sheet2')

    # sheet的名称、行数和列数
    print(sheet2.name,sheet2.nrows,sheet2.ncols)

    # 获取整行和整列的值(数组元素从0开始计数)
    rows = sheet2.row_values(2) # 获取第3行内容
    cols = sheet2.col_values(1) # 获取第2列内容
    print(rows)
    print(cols)

    # 获取单元格内容
    print (sheet2.cell(1,0).value.encode('utf-8'))
    print (sheet2.cell_value(1,0).encode('utf-8'))
    print (sheet2.row(1)[0].value.encode('utf-8'))

    # 获取单元格内容的数据类型
    print (sheet2.cell(1,0).ctype)

if __name__ == '__main__':
    read_excel()
```

将程序保存为ex6_12.py，程序运行结果如下：

```
有数据表:
['Sheet1', 'Sheet2', 'Sheet3']
Sheet2 4 4
['李晓丽', 22.0, 11122233344.0, 'lxl@163.com']
['年龄', 21.0, 22.0, 22.0]
b'\xe5\xbc\xa0\xe5\xa4\xa7\xe5\xb1\xb1'
b'\xe5\xbc\xa0\xe5\xa4\xa7\xe5\xb1\xb1'
```

```
b'\xe5\xbc\xa0\xe5\xa4\xa7\xe5\xb1\xb1'
1
```

3. 写入数据到 Excel 表格

写入数据到 Excel 表格的主要步骤如下:

1)导入 xlwt 模块

```
import xlwt
```

2)新建一个 Excel 文件

```
file = xlwt.Workbook()      # 注意Workbook首字母是大写
```

3)新建一个 sheet 工作表

```
table = file.add_sheet('sheet name')
```

4)写入数据 table.write(行,列,value)

```
table.write(0,0,'test')
```

5)保存文件

```
file.save('Excel_test.xls')
```

【例 6.13】 新建 Excel 表格的示例。

程序代码如下:

```
import xlwt

wbk = xlwt.Workbook()
sheet = wbk.add_sheet('Mysheet1')
sheet.write(0,1,'test text')
sheet.write(1,1,'test text')
wbk.save('Excel_test.xls')
```

运行程序后,在当前目录下生成名为 Excel_test.xls 的 Excel 文件,如图 6.5 所示。

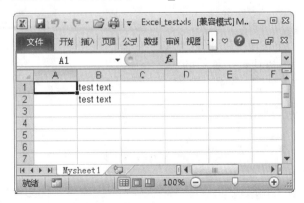

图 6.5 新生成的 Excel 文件

【**例 6.14**】 编写自定义风格样式的 Excel 表格。

程序代码如下：

```
import xlwt

workbook = xlwt.Workbook(encoding = 'ascii')
worksheet = workbook.add_sheet('My Worksheet')
style = xlwt.XFStyle()                                  # 初始化样式
font = xlwt.Font()                                      # 为样式创建字体
font.name = 'Times New Roman'
font.bold = True                                        # 黑体
font.underline = True                                   # 下画线
font.italic = True                                      # 斜体字
style.font = font                                       # 设定样式
worksheet.write(0, 0, 'Unformatted value')             # 不带样式的写入
worksheet.write(1, 0, 'Formatted value', style)        # 带样式的写入
workbook.save('Excel_test2.xls')                        # 保存文件
```

运行程序后，在当前目录下生成名为 Excel_test2.xls 的 Excel 文件，如图 6.6 所示。

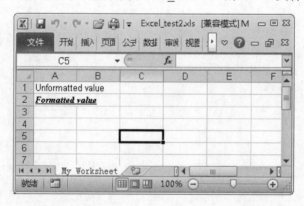

图 6.6 自定义风格样式的 Excel 文件

6.2.7 处理 JSON 格式数据

JSON（JavaScript Object Notation）是一种数据交换格式。JSON 采用完全独立于语言的纯文本格式，易于阅读和编写，同时也易于机器解析和生成（一般用于提升网络传输速率），因此 JSON 成为网络传输中理想的数据交换语言。

1. JSON 数据

JSON 数据可以是一个简单的字符串、数值、布尔值，也可以是一个数组或一个复杂的 Object 对象。

- JSON 的字符串需要用单引号或双引号括起来；
- JSON 的数值可以整数或浮点数；
- JSON 的布尔值为 true 或 false；

- JSON 的数组用方括号括起来;
- JSON 的 Object 对象用大括号括起来。

1）用键-值对表示数据

JSON 数据的书写格式是:

```
键名(key) : 值(value)
```

键-值对的键名 key 必须是字符串,后面写一个冒号,然后是值 value,值 value 可以是字符串、数值、布尔值。

例如:

```
'firstName' : 'John'
```

很容易理解,等价于下列赋值语句:

```
firstName = 'John'
```

2） JSON 对象

JSON 对象可以包含多个键-值对,要求在大括号中书写,键-值对之间用逗号分隔。

例如:

```
{ "firstName":"John" , "lastName":"Doe" , "age":20 }
```

很容易理解,等价于下列 JavaScript 语句:

```
firstName = "John"
lastName = "Doe"
age = 20
```

JSON 对象的值也可以是另一个对象。例如:

```
{
    "Name":"John" ,
    "age": 20,
    "hobby":"打篮球",
    "friend":{"Name":"Suny" , "age":19 , "hobby":"看书"}
}
```

3）JSON 数组

JSON 数组可以包含多个 JSON 数据作为数组元素,每个元素之间用逗号分隔,要求在方括号“[ ]”中书写。

例如:

```
meber = ["name":"John" , "age":20 , "hobby":"打篮球" ]
```

JSON 数组的元素可以包含多个对象。例如:

```
employees = [
    {"sid":"a1001","name":"张大山","age": 21},
    {"sid":"a1002","name":"李晓丽","age": 20},
    {"sid":"a1003","name":"赵志坚","age": 22}]
```

访问 JavaScript 对象数组中的第一项元素语句如下：

```
employees[0].name;
```

返回的值为"张大山"。

也可以修改其数据：

```
employees[0].name = "张海山"
```

4）JSON 文件

可以将 JSON 格式的数据保存为一个文件，该文件称为 JSON 文件，JSON 文件的文件类型是 json。

例如，将下列数据保存到文件 test.json 中：

```
{"name": "百度", "company_url": "http://www.baidu.com", "telephone":
"010-59928888", "crawl_time": "2017-06-13 16:11:16"}
```

2. JSON 模块

JSON 模块是由 Python 标准库提供的，该模块用一种很简单的方式对 JSON 数据进行解析，将 JSON 格式数据与 Python 标准数据类型相互转换。

常见的 Python 数据类型与 JSON 格式数据的转换对照如表 6.4 所示。

表 6.4　常见的 Python 数据类型与 JSON 格式数据的转换对照

Python 数据类型	JSON 格式数据
dict	object
list	array
str	string
None	null

使用 JSON 模块时，需要使用导入模块语句：

```
import json
```

JSON 模块进行编码与解码的主要方法是 json.dumps()与 json.loads()和 json.dump()与 json.load()。

json.dumps(obj)方法将 JSON 对象 obj 类型转换为 Python 的数据类型，这个过程称为编码，json.loads(str)方法将 Python 数据类型转换为 JSON 对象数据类型，这个过程称为解码。

json.dump()方法把数据写入文件中，json.load()方法把文件中的数据读取出来。

3. 读取 JSON 数据

【例 6.15】 设有 JSON 格式数据：

```
data = {
    'name' : 'zhangdasan',
    'age' : 21,
    'email' : 'zdsan@163.com'
}
```

（1）将数据编码转换为 Python 数据类型的数据。

（2）将编码后的数据转换为 JSON 对象，并输出对象各元素的值。

程序代码如下：

```
import json

data = {
    'name' : 'zhangdasan',
    'age' : 21,
    'email' : 'zdsan@163.com'
}


print('(1)编码为Python数据：')
json_str = json.dumps(data)            # 编码,将数据转换为字符串
print('Python数据：',json_str)
print('字符串长度：',len(json_str))


print('\n (2)解码为JSON对象:')
json_obj = json.loads(json_str)        # 解码,将字符串转换为JSON对象
j_name = json_obj['name']
j_age = json_obj['age']              获取 JSON 对象的元素
j_email = json_obj['email']
print(json_obj)
print('姓名：', j_name)
print('年龄：', j_age)
print('邮箱：', j_email)
```

程序运行结果如下：

（1）编码为 Python 数据：

```
Python数据： {"name": "zhangdasan", "age": 21, "email": "zdsan@163.com"}
字符串长度： 59
```

（2）解码为 JSON 对象：

```
{'name': 'zhangdasan', 'age': 21, 'email': 'zdsan@163.com'}
姓名： zhangdasan
年龄： 21
邮箱： zdsan@163.com
```

4. 读写 JSON 文件

使用 json.dump(obj)方法可以将数据写入 JSON 文件中；而 json.load(str)方法把文件打开后，以 JSON 对象的格式读取文件中的数据内容。

【例 6.16】 将一个 JSON 数据保存到 test1.json 文件中，然后从文件中读取数据，并显示到屏幕上。

程序代码如下：

```python
import json

data = {
    'name' : 'zhangdasan',
    'age' : 21,
    'email' : 'zdsan@163.com'
}

f1 = open('test1.json', 'w')
json.dump(data, f1)
print('成功写入数据到文件! \n')
f1.close()
```

将数据写入 JSON 文件中

```python
f2 = open('test1.json', encoding='utf-8')
line = f2.readline()
d = json.loads(line)
name = d['name']
age = d['age']
email = d['email']
print(name, age, email)
f2.close()
```

读取 JSON 文件数据

运行程序后，生成一个保存有 JSON 数据的文件 test1.json，并在屏幕上显示：

成功写入数据到文件!

```
zhangdasan  21  zdsan@163.com
```

【例 6.17】 将一批 JSON 数据保存到 test2.json 文件中，然后从文件中读取数据，并显示到屏幕上。

程序代码如下：

```python
import json

data = [
{"sid":"a1001","name":"zhangdasan","age": 21},\
{"sid":"a1002","name":"lixianli","age": 20},\
{"sid":"a1003","name":"zhaozhijian","age": 22},\
]
```

```
f1 = open('test2.json', 'w')
json.dump(data, f1)
print('成功写入数据到文件！\n')
f1.close()


f2 = open('test2.json', encoding='utf-8')
line = f2.readline()
d = json.loads(line)
print(d)
for i in d:
    sid = i['sid']
    name = i['name']
    age = i['age']
    print(sid,name, age)
f2.close()
```

运行程序后，生成一个保存有 JSON 数据的文件 test2.json，并在屏幕上显示：

成功写入数据到文件！

```
[{'sid': 'a1001', 'name': 'zhangdasan', 'age': 21}, {'sid': 'a1002', 'name': 'li
xianli', 'age': 20}, {'sid': 'a1003', 'name': 'zhaozhijian', 'age': 22}]
a1001 zhangdasan 21
a1002 lixianli 20
a1003 zhaozhijian 22
```

6.3 Python 数据库编程

视频讲解

Python 可以连接并使用各种数据库。下面分别以 SQLite 数据库和 MySQL 数据库为例，介绍编写 Python 程序对数据库进行操作的方法。

6.3.1 SQLite 数据库编程

SQLite 数据库是一个开源的嵌入式关系数据库，由于 Python 中集成了 SQLite 数据库模块，在 Python 程序中可以很方便地访问 SQLite 数据库。

1. SQLite 数据库简介

SQLite 数据库是一个关系型数据库，因为它很小，引擎本身只是一个大小不到 300KB的文件，所以常作为嵌入式数据库内嵌在应用程序中。SQLite 生成的数据库文件是一个普通的文件，可以放置在任何目录下。SQLite 是用 C 语言开发的，开放源代码，支持跨平台，最大支持 2048GB 数据，并且被所有的主流编程语言支持。可以说，SQLite 是一个非常优秀的嵌入式数据库。

SQLite 数据库的管理工具很多，比较常用的有 SQLite Expert Professional，其功能强大,几乎可以在可视化的环境下完成所有数据库操作,可以方便地使用它进行创建数据表和对数据记录进行增加、删除、修改、查询的操作。SQLite Expert Professional 的运行界面如图 6.7 所示。

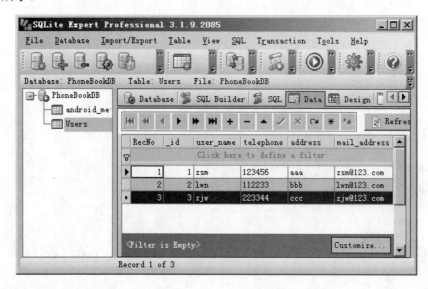

图 6.7　SQLite Expert Professional 的运行界面

在 Python 系统的内部嵌入了 SQLite 数据库模块 sqlite3,所以 Python 应用程序可以很方便地使用 SQLite 数据库存储数据。

2. sqlite3 模块

sqlite3 模块是 Python 操作 SQLite 数据库的接口模块。在 sqlite3 模块中定义了一系列连接和操作数据库的方法,其常用方法如表 6.5 所示。

表 6.5　sqlite3 模块的常用方法

方法	说明
sqlite3.connect(database [,timeout ,other optional arguments])	连接到一个 SQLite 数据库文件,如果连接的数据库不存在,则创建一个数据库文件
connection.cursor([cursorClass])	创建一个游标 cursor
cursor.execute(sql [, optional parameters])	执行 SQL 命令的语句
connection.execute(sql [, optional parameters])	执行 SQL 命令的语句
connection.commit()	提交事务
connection.close()	关闭数据库连接

3. 操作 SQLite 数据库

1)连接数据库

应用 sqlite3 模块的 connect()方法可以连接 SQLite 数据库文件,如果数据库文件不存在,则创建一个 SQLite 数据库文件。

【例 6.18】　创建一个名为 test.db 的 SQLite 数据库文件。

程序代码如下:

```
import sqlite3
```

```
conn = sqlite3.connect("D:/test.db")
print("connection database successfully")
```

运行程序，可以看到，在 D:\目录下创建了一个 test.db 文件，这个文件就是 SQLite 数据库文件。

2）创建数据表

在数据库 test.db 中，创建一个名为 user 的数据表，其表的结构如表 6.6 所示。

表 6.6 数据表 user 的结构

字段	类型	长度	注释
sid	int	5	编号
name	varchar	10	姓名
email	varchar	25	邮箱

【例 6.19】 在数据库 test.db 中创建 user 数据表。

程序代码如下：

```
import sqlite3
conn = sqlite3.connect("d:/test.db")
sqlstr = "create table user (sid varchar(5) primary key, \
name varchar(10), email varchar(25))"
conn.execute(sqlstr)
print("create table successfully")
conn.close()
```

3）添加数据记录

在 user 数据表中添加数据记录如下：

```
1001  张大山  zhangds@163.com
1002  李晓丽  lixli@163.com
1003  赵四方  zaoshi@163.com
```

【例 6.20】 在 user 数据表中，添加数据记录。

程序代码如下：

```
import sqlite3
conn = sqlite3.connect("d:/test.db")
cur = conn.cursor()

sqlstr1 = "insert into user(sid, name, email)\
values(1001, '张大山', 'zhangds@163.com') "
cur.execute(sqlstr1)

sqlstr2 = "insert into user(sid, name, email)\
values(1002, '李晓丽', 'lixli@163.com') "
cur.execute(sqlstr2)
```

```
sqlstr3 = "insert into user(sid, name, email)\
values(1003, '赵四方', 'zaoshi@163.com') "
cur.execute(sqlstr3)
conn.commit()

print("Records created successfully")
conn.close()
```

4）查询记录

【例6.21】 应用 SQL 命令的 select 查询语句显示记录。

程序代码如下：

```
import sqlite3

conn = sqlite3.connect("d:/test.db")
cur = conn.cursor()

sqlstr = "select * from  user"
s = cur.execute(sqlstr)
for row in s:
    print("sid=",row[0])
    print("name=",row[1])
    print("email=",row[2],'\n')

conn.close()
```

程序运行结果如下：

```
sid= 1001
name= 张大山
email= zhangds@163.com

sid= 1002
name= 李晓丽
email= lixli@163.com

sid= 1003
name= 赵四方
email= zaoshi@163.com
```

5）修改数据记录

【例6.22】 应用 SQL 命令的 update 语句修改数据记录。

程序代码如下：

```
import sqlite3
```

```
conn = sqlite3.connect("d:/test.db")
cur = conn.cursor()

sql_update = "update user set email='zhaosf@abc.com' where sid=1003"
cur.execute(sql_update)
conn.commit()

sql_select = "select * from  user where sid=1003"
s = cur.execute(sql_select)
for row in s:
    print("sid=",row[0])
    print("name=",row[1])
    print("email=",row[2],'\n')

conn.close()
```

程序运行结果如下：

```
sid= 1003
name= 赵四方
email= zhaosf@abc.com
```

6）删除数据记录

【例 6.23】 应用 SQL 命令的 delete 语句删除 user 表中的第二条记录。

程序代码如下：

```
import sqlite3

conn = sqlite3.connect("d:/test.db")
cur = conn.cursor()

sql_update = "delete from user  where sid=1002"
cur.execute(sql_update)
conn.commit()

sql_select = "select * from  user"
s = cur.execute(sql_select)
for row in s:
    print("sid=",row[0])
    print("name=",row[1])
    print("email=",row[2],'\n')

conn.close()
```

程序运行结果如下：

```
sid= 1001
name= 张大山
email= zhangds@163.com

sid= 1003
name= 赵四方
email= zhaosf@abc.com
```

6.3.2 操作 MySQL 数据库

1. 安装 pymysql 模块

Python 需要引用 pymysql 模块来进行 MySQL 数据库的操作。

1) 用 pip 安装 pymysql 模块

在控制台命令窗口中,输入命令:

```
pip install pymysql
```

则包管理工具 pip 会自动完成 pymysql 模块的安装,如图 6.8 所示。

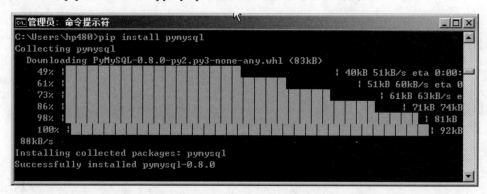

图 6.8 pip 安装 pymysql 模块

2) 测试 pymysql 模块是否安装成功

编写一个 Python 文件,输入导入 pymysql 的语句:

```
import pymysql
```

如果编译未出错,即表示 pymysql 安装成功。

2. pymysql 模块的方法

pymysql 模块定义了连接数据库及数据库连接对象的方法,其常用方法如下。

1) pymysql.Connect()方法

pymysql.Connect()方法用于连接数据库并创建连接对象。其一般格式为:

```
connection = pymysql.Connect( host(str),    #  MySQL服务器地址
                              port(int),    #  MySQL服务器端口号
                              user(str),    #  用户名
                              passwd(str),  #  密码
```

```
        db(str),        # 数据库名称
        charset(str),   # 连接编码
    )
```

2）数据库连接对象 connection 支持的方法

创建数据库连接后，其返回值为数据库连接对象。连接对象用于对数据库进行各种操作，其主要方法如表 6.7 所示。

表 6.7　数据库连接对象的主要方法

方法	说明
cursor()	创建并返回游标对象
commit()	提交当前事务
rollback()	回滚当前事务
close()	关闭连接

3）游标对象支持的方法

由数据库连接对象所创建的游标对象主要用于对数据库的记录集进行各种操作，其主要方法如表 6.8 所示。

表 6.8　数据库连接对象所创建的游标对象的主要方法

方法	说明
execute(op)	执行一个数据库的查询命令
fetchone()	取得结果集的下一行
fetchmany(size)	获取结果集的下几行
fetchall()	获取结果集中的所有行
rowcount()	返回数据条数或影响行数
close()	关闭游标对象

3. Python 对 MySQL 数据库的操作

1）创建数据库连接对象

使用 connect()方法可以创建数据库连接对象和打开数据库的连接，其方法如下：

```
数据库连接对象 = pymysql.connect(数据库服务器,用户名,密码,数据库名)
```

connect()方法返回一个数据库连接对象，通过数据库连接对象可以对数据库进行各种操作。

2）创建游标对象

在 Python 中，使用游标可以执行 SQL 语句和查询数据。创建一个游标对象的方法如下：

```
游标对象 = 数据库连接对象.cursor()
```

【例 6.24】　假设 MySQL 数据库服务器中有一个名为 testdb 的数据库，并且数据库中有一个名为 trade 的数据表，其数据表的结构如表 6.9 所示。

表 6.9 数据表 **trade** 的结构

字段	类型	长度	说明
sid	int	4	编号
name	varchar	10	用户姓名
account	varchar	11	银行储蓄账号
saving			账户储蓄金额
expend			账户支出总计
income			账户收入总计

（1）创建数据表。

在连接数据库之前，需要创建一个数据表，方便测试 pymysql 的功能。创建数据表的语句如下：

```
DROP TABLE IF EXISTS 'trade';

CREATE TABLE 'trade' (
  'id' int(4) unsigned NOT NULL AUTO_INCREMENT,
  'name' varchar(6) NOT NULL COMMENT '用户真实姓名',
  'account' varchar(11) NOT NULL COMMENT '银行储蓄账号',
  'saving' decimal(8,2) unsigned NOT NULL DEFAULT '0.00' COMMENT '账户储蓄金额',
  'expend' decimal(8,2) unsigned NOT NULL DEFAULT '0.00' COMMENT '账户支出总计',
  'income' decimal(8,2) unsigned NOT NULL DEFAULT '0.00' COMMENT '账户收入总计',
  PRIMARY KEY ('id'),
  UNIQUE KEY 'name_UNIQUE' ('name')
) ENGINE=InnoDB AUTO_INCREMENT=2 DEFAULT CHARSET=utf8;
INSERT INTO 'trade' VALUES (1,'张大山','18012345678',0.00,0.00,0.00);
```

可以将上面内容保存为数据库备份文件 trade.sql，再将其导入 MySQL 的名为 testdb 的数据库中。

（2）编写程序，实现增加、删除、修改、查询功能和事务处理。

程序代码如下：

```
import pymysql
import pymysql.cursors

# 连接数据库
connect = pymysql.Connect(
    host='localhost',
    port=3310,
    user='woider',
    passwd='3243',
    db='python',
    charset='utf8'
)
```

```python
# 获取游标
cursor = connect.cursor()

# 插入数据
sql = "INSERT INTO trade (id, name, account, saving) VALUES ('%d', '%s', '%s', %.2f )"
data = (2,'李晓丽', '13512345678', 10000)
cursor.execute(sql % data)
connect.commit()
print('成功插入', cursor.rowcount, '条数据')

# 修改数据
sql = "UPDATE trade SET saving = %.2f WHERE account = '%s' "
data = (8888, '13512345678')
cursor.execute(sql % data)
connect.commit()
print('成功修改', cursor.rowcount, '条数据')

# 查询数据
sql = "SELECT name,saving FROM trade WHERE account = '%s' "
data = ('13512345678',)
cursor.execute(sql % data)
for row in cursor.fetchall():
    print("Name:%s\tSaving:%.2f" % row)
print('共查找出', cursor.rowcount, '条数据')

# 删除数据
sql = "DELETE FROM trade WHERE account = '%s' LIMIT %d"
data = ('13512345678', 1)
cursor.execute(sql % data)
connect.commit()
print('成功删除', cursor.rowcount, '条数据')

# 事务处理
sql_1 = "UPDATE trade SET saving = saving+1000 WHERE account = '18012345678' "
sql_2 = "UPDATE trade SET expend = expend+1000 WHERE account = '18012345678' "
sql_3 = "UPDATE trade SET income = income+2000 WHERE account = '18012345678' "

try:
    cursor.execute(sql_1)      # 储蓄增加1000
    cursor.execute(sql_2)      # 支出增加1000
    cursor.execute(sql_3)      # 收入增加2000
except Exception as e:
    connect.rollback()         # 事务回滚
    print('事务处理失败', e)
else:
```

```
connect.commit()              # 事务提交
print('事务处理成功', cursor.rowcount)
```

```
# 关闭连接
cursor.close()
connect.close()
```

程序运行结果如下:

```
成功插入 1 条数据
成功修改 1 条数据
Name:李晓丽 Saving: 8888.00
共查找出 1 条数据
成功删除 1 条数据
事务处理成功 1
```

视频讲解

6.4 案 例 精 选

6.4.1 多功能文本编辑器

【例6.25】 编写一个多功能的文本编辑器。
程序代码如下:

```
from tkinter import *
import tkinter
import tkinter.filedialog
import tkinter.colorchooser
import tkinter.messagebox
import tkinter.scrolledtext


# from Tkinter import *
# from tkMessageBox import *
# from tkFileDialog import *
import os

# 创建窗体
root = Tk()
root.title('多功能文本编辑器')
root.geometry("800x500+100+100")

# 定义文件名变量
filename = ''
```

```python
def author():
    tkinter.messagebox.showinfo('作者','sundy')

def about():
    tkinter.messagebox.showinfo('关于','多功能文本编辑器\n(v1.0版)')

def openfile():
    global filename
    filename = tkinter.filedialog.askopenfilename(
    title='打开文件', filetypes = [('Text files', '*.txt')])
    if filename == '':
        filename = None
    else:
        root.title('FileName:'+os.path.basename(filename))
        textPad.delete(1.0,END)
        f = open(filename,'r')
        textPad.insert(1.0,f.read())
        f.close()

def new():
    global filename
    root.title('未命名文件')
    filename = None
    textPad.delete(1.0,END)

def save():
    global filename
    try:
        f = open(filename,'w')
        msg = textPad.get(1.0,END)
        f.write(msg)
        f.close()
    except:
        saveas()

def saveas():
    f = tkinter.filedialog.asksaveasfilename(title='保存文件',\
        initialfile= '未命名.txt', filetypes = [('Text files', '*.txt')])
    print(f)
    if f != '':
        global filename
        filename = f
        fh = open(f,'w')
        msg = textPad.get(1.0,END)
        fh.write(msg)
```

```
        fh.close()
        root.title('FileName:'+os.path.basename(f))

    def cut():
        textPad.event_generate('<<Cut>>')

    def copy():
        textPad.event_generate('<<Copy>>')

    def paste():
        textPad.event_generate('<<Paste>>')

    def redo():
        textPad.event_generate('<<Redo>>')

    def undo():
        textPad.event_generate('<<Undo>>')

    def selectAll():
        textPad.tag_add('sel','1.0',END)

    def search():
        def dosearch():
            myentry = entry1.get()      # 获取查找的内容,string型
            whatever = str(textPad.get(1.0,END))
            tkinter.filedialog.showinfo("查找结果: ",\
                "you searched %s, \
                there are %d in the text"%(myentry,whatever.count(myentry)))
        topsearch = Toplevel(root)
        topsearch.geometry('300x30+200+250')
        label1 = Label(topsearch,text='Find')
        label1.grid(row=0, column=0,padx=5)
        entry1 = Entry(topsearch,width=20)
        entry1.grid(row=0, column=1,padx=5)
        button1 = Button(topsearch,text='查找',command=dosearch)
        button1.grid(row=0, column=2)


# Create Menu
menubar = Menu(root)
root.config(menu = menubar)

filemenu = Menu(menubar)
filemenu.add_command(label='新建', accelerator='Ctrl + N', command= new)
filemenu.add_command(label='打开', accelerator='Ctrl + O',command = openfile)
filemenu.add_command(label='保存', accelerator='Ctrl + S', command=save)
```

```
filemenu.add_command(label='另存为', accelerator='Ctrl + Shift + S',\
command=saveas)
menubar.add_cascade(label='文件',menu=filemenu)

editmenu = Menu(menubar)
editmenu.add_command(label='撤销', accelerator='Ctrl + Z', command=undo)
editmenu.add_command(label='重做', accelerator='Ctrl + y', command=redo)
editmenu.add_separator()
editmenu.add_command(label = "剪切",accelerator = "Ctrl + X",command=cut)
editmenu.add_command(label = "复制",accelerator = "Ctrl + C", command=copy)
editmenu.add_command(label = "粘贴",accelerator = "Ctrl + V", command= paste)
editmenu.add_separator()
editmenu.add_command(label = "查找",accelerator = "Ctrl + F", command=search)
editmenu.add_command(label = "全选",accelerator = "Ctrl + A", command= selectAll)

menubar.add_cascade(label = "操作",menu = editmenu)
aboutmenu = Menu(menubar)
aboutmenu.add_command(label = "作者", command=author)
aboutmenu.add_command(label = "关于", command = about)
menubar.add_cascade(label = "about",menu=aboutmenu)

# toolbar
toolbar = Frame(root, height=25,bg='grey')
shortButton = Button(toolbar, text='打开',command = openfile)
shortButton.pack(side=LEFT, padx=5, pady=5)
shortButton = Button(toolbar, text='保存', command = save)
shortButton.pack(side=LEFT, padx=5, pady=5)
shortButton = Button(toolbar, text='退出', command = exit)
shortButton.pack(side=LEFT, padx=5, pady=5)
toolbar.pack(expand=NO,fill=X)

# Status Bar
status = Label(root, text='Ln20',bd=1, relief=SUNKEN,anchor=W)
status.pack(side=BOTTOM, fill=X)

# linenumber&text
lnlabel = Label(root, width=2, bg='antique white')
lnlabel.pack(side=LEFT, fill=Y)
textPad = Text(root, undo=True)
textPad.pack(expand=YES, fill=BOTH)
scroll = Scrollbar(textPad)
textPad.config(yscrollcommand=scroll.set)
scroll.config(command = textPad.yview)
scroll.pack(side=RIGHT,fill=Y)

root.mainloop()
```

程序运行结果如图 6.9 所示。

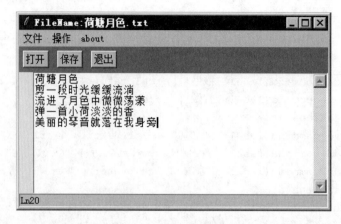

图 6.9　多功能文本编辑器

6.4.2　保存结构化数据

1. 数据对象序列化后保存到文件

【例 6.26】 将字典结构的数据保存到文件中。

程序代码如下：

```python
import pickle

data = [{'sid':'a1001','name':'张大山','scro':92},
        {'sid':'a1002','name':'李晓丽','scro':82},
        {'sid':'a1003','name':'赵志勇','scro':97}]

s_file = open('dic_data.dat', 'wb')
pickle.dump(data, s_file)
s_file.close()
```

字典结构序列化后保存到文件

```python
r_file = open('dic_data.dat', 'rb')
data2 = pickle.load(r_file)
print('学号\t姓名\t成绩')
for i in data2:
    sid = i['sid']
    name = i['name']
    scro = i['scro']
    print(sid, '\t',name, '\t',scro)
r_file.close()
```

反序列化后读出数据

程序运行结果如下：

学号	姓名	成绩
a1001	张大山	92

```
a1002    李晓丽      82
a1003    赵志勇      97
```

2. 把任意对象保存到文件

【例 6.27】　在画布上绘制一个笑脸，将其保存到一个文件中。再从文件中读取"笑脸"对象，在画布中显示。

程序代码如下：

```
import tkinter
import tkinter.messagebox
import pickle

# 定义"笑脸"类
class smile:
    def create_can(self, can):
        self.can = can
        io1 = self.can.create_oval(35,30,210,210, fill='yellow')# 画一黄色圆
        io2 = self.can.create_oval(70,70,180,180, fill='black')
        io3 = self.can.create_oval(65,70,185,170, outline='yellow',\
                                   fill='yellow')
        io4 = self.can.create_oval(80,100,110,130, fill='black')
        io5 = self.can.create_oval(150,100,180,130, fill='black')

win = tkinter.Tk()
win.title('画布示例')
win.geometry('250×250')

can1 = tkinter.Canvas(win, height=220, width=220)        # 定义画布1
can1.grid(row=0, column=0, columnspan=2)

can2 = tkinter.Canvas(win, height=220, width=220)        # 定义画布2
can2.grid(row=0, column=2, columnspan=2)

def ccan():
    global can1
    s_obj = smile()          创建笑脸对象，绘制笑脸
    s_obj.create_can(can1)

# 将"笑脸"对象保存到文件中
def save_file():
    s_file = open('smile.dat', 'wb')
    s_obj = smile()
    pickle.dump(s_obj, s_file)          将笑脸对象序列化后，保存到文件中
    s_file.close()
```

```
# 读取文件中的"笑脸"对象
def show_smile():
    r_file = open('smile.dat', 'rb')
    global can2
    obj = pickle.load(r_file)
    obj.create_can(can2)
```

从文件中读取笑脸对象，反序列化后显示

```
btn1=tkinter.Button(win, text='显示笑脸', command=ccan)
btn1.grid(row=1, column=0)

btn2=tkinter.Button(win, text='写入文件', command=save_file)
btn2.grid(row=1, column=1)

btn3=tkinter.Button(win, text='读取对象', command=show_smile)
btn3.grid(row=1, column=2)

win.mainloop()
```

运行程序，先单击"写入文件"按钮，把"笑脸"对象序列化后保存到文件 smile.dat 中；然后单击"读取对象" 按钮，可以看到，将保存在文件中的"笑脸"对象显示到画布上，如图 6.10 所示。

（a）显示笑脸 　　　　　　　　（b）读取文件中的"笑脸"对象

图 6.10 "笑脸"对象

6.4.3 英汉小词典设计

【例 6.28】 设计一个英汉小词典。

设有英汉解释文件 dic.txt，其格式为：

word=beautiful ◄——— 单词

num=3 ◄——— 解释的条目数

```
1
美丽的；漂亮的；
2
美好的；极好的；美妙的；
3
巧妙的；娴熟的；漂亮的；
```
解释

程序代码如下：

```
import os
# import sqlite3
from tkinter import *


class One_Word(object):
    def __init__(self):
        self.en = "u"          字符串前加 u，说明文本是 utf-8 编码
        self.num = 0
        self.chs = []
    def set_word(self, en, num, chs):
        self.num = num
        self.chs = chs
        self.en = en
```
定义词典词条类

```
def read_file():
    words = []
    with open('dic.txt','r',encoding='utf8') as f:
        while True:
            line = f.readline().strip('\n')          strip()为删除开头及结尾指定字符
            if line == "":
                break
            wod = line.split("=")          split("=")为按字符"="分隔
            en = wod[1]
            nums = f.readline().strip('\n').split("=")
            num = int(nums[1])
            i=0
            chs = []
            while i<num:
                f.readline()
                chs.append(f.readline().strip('\n'))
                i += 1
            word = One_Word()
            word.en = en
            word.chs = chs
            word.num = num
            words.append(word)
    return words
```

```python
def cha_xun(danci,words):
    flag = False
    chs = ""
    for word in words:
        if flag == True:
            break
        if danci == str(word.en):
            num = word.num
            chss = word.chs
            flag = True
            for chsa in chss:
                chs += chsa
                chs +="\n"
    return chs

def get_word():
    w_en = ent_cha.get()
    #print(w_en)
    chs = cha_xun(w_en,words)
    if chs == "":
        strs = "Not find word ->"+ w_en
        text_chs.set(strs)
    else:
        text_chs.set(chs)


words = read_file()

# 定义窗体设置
win = Tk()
win.title('英汉小词典')
win.geometry('600×480')
# 定义提示标签
lab_cha = Label(win,text = "查 询:",font = 'Times-20',\
                width = 8,height = 2)
# 定义输入文本框
ent_cha = Entry(win,font = 'Times-20',width = 40)
# 定义提示标签
lab_shiyi = Label(win,text = "解 释:",font = 'Times-20',\
                width = 8,height = 2)
text_chs = StringVar()
# 定义解释文本框
ent_shiyi = Label(win,textvariable = text_chs,\
                font = '宋体-20',bg = 'white',\
                width = 40,height = 17)
```

```
lab_cha.grid(row = 0,column = 0)
ent_cha.grid(row = 0,column = 1,columnspan = 2)
lab_shiyi.grid(row = 1,column = 0)
ent_shiyi.grid(row = 1,column = 1,columnspan = 2)
# 定义空行（用标签Label占位）
labss = Label(win,text = "",font = 'Times-20',\
                width = 1,height = 1)
labss.grid(row = 2,column = 0)
# 定义"查询"按钮
btn_cha = Button(win,text = "翻译",command = get_word,\
                font = 'Times-20',width = 10,height = 1)
btn_cha.grid(row = 3,column = 1)
# 定义"退出"按钮
btn_cha = Button(win,text = "退出",command = exit,\
                font = 'Times-20',width = 10,height = 1)
btn_cha.grid(row = 3,column = 2)

win.mainloop()
```

程序运行结果如图 6.11 所示。

图 6.11 英汉小词典

习　题　6

1. 编写程序，把 5 名同学的学号、姓名和成绩保存为二进制文件。

2. 编写一个简易日记本，具有编辑和保存文件的功能。

3．编写一个输入学生成绩的窗体程序，具有保存数据为文件的功能，也能将数据导出到 Excel 文件中。

4．编写一个调用数据库的简易英汉字典程序，具有查询、添加、修改和删除单词的功能。

5．编写一个如图 6.12 所示的"简易商品管理系统"程序，对数据库中的商品具有查询、添加、修改等功能。

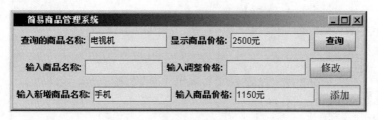

图 6.12　简易商品管理系统

第 **7** 章

多线程与异常处理

7.1　多线程编程

视频讲解

在应用程序中使用多线程编程，可以提高应用程序的处理速度和并发处理能力，使后台计算不影响前台界面与用户的交互操作。

7.1.1　线程与多线程

1. 线程

线程是指进程中单一顺序的执行流。设某程序的地址空间在 0x0000～0xffff，线程 A 运行在 0x2000～0x4000，线程 B 运行在 0x4001～0x6000，线程 C 运行在 0x6001～0x8000，0x8001～0xffff 为线程的公共数据区，多个线程共同构成一个大的进程，如图 7.1 所示。

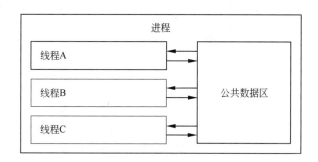

图 7.1　每个线程彼此独立，但有公共数据区

线程间的通信简单而有效，上下文切换非常快，它们是在同一个进程中的两部分之间进行的切换。每个线程彼此独立执行，一个程序可以同时使用多个线程来完成不同的任务。一般用户在使用多线程时并不需要考虑底层处理的细节。

2. 多线程

多线程是指一个程序中包含多个执行流，多线程是实现并发机制的一种有效手段。

例如，在传统的单进程环境下，用户必须等待一个任务完成后才能进行下一个任务，即使大部分时间空闲，也只能按部就班地工作，而多线程可以避免引起用户的等待。

又如，传统的并发服务器是基于多线程机制的，每个客户需要一个进程，而进程的数目是受操作系统限制的。基于多线程的并发服务器，每个客户一个线程，多个线程可以并发执行。

进程与多线程的区别如图 7.2 所示。

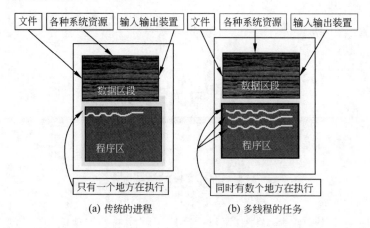

图 7.2　进程与线程的区别

从图 7.2 中可以看到，多任务状态下各进程的内部数据和状态都是完全独立的，而多线程共享一块内存空间和一组系统资源。

7.1.2　线程的生命周期

每个线程都要经历创建、就绪、运行、阻塞和死亡 5 个状态，线程从产生到消失的状态变化过程称为生命周期，如图 7.3 所示。

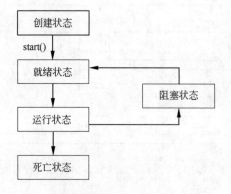

图 7.3　线程的生命周期

从图 7.3 可以看到，一个线程的生命周期一般经过如下步骤：

（1）一个线程通过实例化创建线程对象后，进入创建状态。

（2）线程对象通过调用 start()方法进入就绪状态，一个处在就绪状态的线程将被调度执行，执行该线程相应的 run()方法中的代码。

（3）通过调用线程（或从 Object 类继承）的 sleep()或 wait()方法，这个线程进入阻塞状态。一个线程也可能自己完成阻塞操作。

（4）当 run()方法执行完毕，或有一个例外产生，或执行 System.exit()方法，则一个线程就进入死亡状态。

7.1.3 创建线程的 threading.Thread 类

Python 通过引用 threading 模块创建多线程。在 threading 模块中定义了一个 Thread 类，进而创建线程。

threading.Thread 类的常用方法如表 7.1 所示。

表 7.1 threading.Thread 类的常用方法

方法	说明
_ _init_ _(self, name = threadname)	初始化方法，threadname 为线程的名称
run()	编写线程的代码，实现线程要完成的功能
getName()	获得线程对象名称
setName()	设置线程对象名称
start()	启动线程
jion([timeout])	等待另一线程结束后再运行
setDaemon(bool)	设置子线程是否随主线程一起结束，必须在 start()之前调用。默认为 false
isAlive()	检查线程是否在运行中

在 Python 中，可采用两种方式来创建线程：

（1）应用 Thread 类的构造函数创建一个多线程对象。

（2）通过创建 Thread 类的子类来构造线程，并重写它的 run()方法。

创建线程对象后，要启动线程，需要使用 start()方法。

下面分别举例说明。

1. 应用 Thread 类的构造函数创建多线程

Thread 类的构造函数为：

```
class threading.Thread(group=None,target=None,name=None,args=(),kwargs={})
```

其中：

- group 恒为 None，保留未来使用；
- target 为要执行的函数，默认应为 None，意味着没有对象被调用；
- name 为线程名字，默认为 Thread-N；
- args 为要传入的参数，默认为()；
- Kwargs 为传入的参数为字典，默认为{}。

【例 7.1】 应用 Thread 类的构造函数创建多线程示例。

程序代码如下：

```
import threading                导入 threading 模块

def fun(i):
    print("thread id = %d \n" %i)
```

```
def main():
    for i in range(1,10):
        t = threading.Thread(target=fun, args=(i,))
        t.start()

if __name__ == "__main__":
    main()
```

创建线程对象

启动线程

程序运行结果如下：

```
thread id = 1
thread id = 2
thread id = 5
thread id = 3
thread id = 6
thread id = 4
thread id = 9
thread id = 8
thread id = 7
```

2. 创建 Thread 子类构造线程

threading.Thread 的子类必须重写父类的__init__()和 run()方法，并且在子类的__init__()方法中调用父类的__init__()方法。

【例 7.2】 创建 Thread 子类构造线程的示例。

程序代码如下：

```
import threading
import time

# 定义线程子类
class MyThread(threading.Thread):
    def __init__(self):
        threading.Thread.__init__(self)

    def run(self):
        print("starting", self.name)
```

线程子类包含__init__()和 run()方法

```
def main():
    t1 = MyThread()
    t1.start()
    t2 = MyThread()
    t2.start()

if __name__ == "__main__":
    main()
```

创建并启动线程对象 t1

创建并启动线程对象 t2

程序运行结果如下：

```
starting Thread-1
starting Thread-2
```

3. 比较两种线程对象

下面通过一个示例来说明上述两种线程对象的区别。

【例 7.3】 用 Thread 子类程序来模拟航班售票系统，实现两个售票窗口发售某班次航班的 10 张机票，一个售票窗口用一个线程来表示。

程序代码如下：

```
import threading
import time

# 定义线程子类
class MyThread(threading.Thread):
    tickets = 10
    def __init__ (self):
      threading.Thread.__init__ (self)

    def run(self):
      while(1):
        if(self.tickets>0):
          self.tickets = self.tickets-1
          print(self.name,"售机票售出第",self.tickets, " 号")
        else:
          exit()

def main():
    t1 = MyThread()
    t1.start()
    t2 = MyThread()
    t2.start()

if __name__ == "__main__":
    main()
```

> 线程需要完成的任务都放在 run()方法中

程序运行结果如下：

```
Thread-1 售机票售出第 9 号
Thread-1 售机票售出第 8 号
Thread-1 售机票售出第 7 号
Thrcad 2 售机票售山第 9 号
Thread-1 售机票售出第 6 号
Thread-2 售机票售出第 8 号
Thread-1 售机票售出第 5 号
Thread-2 售机票售出第 7 号
Thread-1 售机票售出第 4 号
Thread-2 售机票售出第 6 号
Thread-1 售机票售出第 3 号
Thread-2 售机票售出第 5 号
```

```
Thread-1 售机票售出第 2 号
Thread-2 售机票售出第 4 号
Thread-1 售机票售出第 1 号
Thread-1 售机票售出第 0 号
Thread-2 售机票售出第 3 号
Thread-2 售机票售出第 2 号
Thread-2 售机票售出第 1 号
Thread-2 售机票售出第 0 号
```

【程序说明】

从运行结果中可以看到，每张机票被卖了两次，即两个线程各自卖10张机票，而不是去卖共同的10张机票。为什么会这样呢？这里需要注意的是，多个线程去处理同一资源，一个资源只能对应一个对象。在上面的程序中，创建了两个 Thread 对象，每个 Thread 对象中都有10张机票，每个线程都在独立地处理各自的资源。

【例 7.4】 用 Thread 类的构造函数创建的线程程序来模拟航班售票系统，实现两个售票窗口发售某班次航班的10张机票，一个售票窗口用一个线程来表示。

程序代码如下：

```python
import threading

global tickets
tickets= 11
def fun(i):
    global tickets
    while(tickets>1):
        tickets = tickets-1
        print("第", i,"售机票窗口售出第",tickets, " 号")

def main():
    for i in range(1,3):
        t = threading.Thread(target=fun, args=(i,))
        t.start()

if __name__ == "__main__":
    main()
```

程序运行结果如下：

```
第 1 售机票窗口售出第 10 号
第 1 售机票窗口售出第 9 号
第 1 售机票窗口售出第 8 号
第 1 售机票窗口售出第 6 号
第 2 售机票窗口售出第 7 号
第 1 售机票窗口售出第 5 号
第 2 售机票窗口售出第 4 号
第 1 售机票窗口售出第 3 号
第 2 售机票窗口售出第 2 号
第 1 售机票窗口售出第 1 号
```

【程序说明】

在上面的程序中，创建了两个线程，每个线程调用的是同一个 Thread 对象中的 fun() 方法，访问的是同一个对象中的变量（tickets）的实例。因此，这个程序能满足实际的要求。

7.1.4 线程同步

1. 多线程使用不当造成的数据混乱

多线程使用不当可能造成数据混乱。例如，两个线程都要访问同一个共享变量，一个线程读这个变量的值并在这个值的基础上完成某些操作，但就在此时，另一个线程改变了这个变量值，但第一个线程并不知道，这可能造成数据混乱。下面是模拟两个用户从银行取款的操作造成数据混乱的一个例子。

【例 7.5】 设计一个模拟用户从银行取款的应用程序。设某银行账户存款额的初值是 2000 元，用线程模拟两个用户从银行取款的情况。

程序代码如下：

```
import threading
import time

# 定义银行账户类
class Mbank:
    global sum
    sum=2000
    def take(k):
        global sum
        temp=sum
        temp=temp - k
        time.sleep(0.2)
        sum = temp
        print("sum=",sum)
```

定义银行账户

```
# 模拟用户取款的线程子类
class MyThread(threading.Thread):
    tickets = 10
    def __init__ (sclf):
        threading.Thread.__init__ (self)

    def run(self):
        for i in range(1,5):
            Mbank.take(100)
```

模拟用户取款，在线程中调用银行账户

```
def main():
    t1 = MyThread()
```

```
    t1.start()
    t2 = MyThread()
    t2.start()

if __name__ == "__main__":
    main()
```

程序运行结果如下:

```
sum= 1900
sum= 1900
sum= 1800
sum= 1800
sum= 1700
sum= 1700
sum= 1600
sum= 1600
```

【程序说明】

该程序的本意是通过两个线程分多次从一个共享变量中减去一定数值,以模拟两个用户从银行取款的操作。

(1) 类 Mbank 用来模拟银行账户,其中全局变量 sum 为账户现有存款额,take()方法表示取款操作,take()方法中的参数 k 表示每次的取款数。为了模拟银行取款过程中的网路阻塞,让系统休眠一随机时间段,再来显示最新存款额。

(2) MyThread 是模拟用户取款的线程类,在 run()方法中,通过循环 4 次调用 Mbank 类的方法 take(),从而实现分 4 次从存款额中取出 400 元的功能。

(3) main()方法启动创建两个 MyThread 类的线程对象,模拟两个用户从同一账户中取款。

账户现有存款额 sum 的初值是 2000 元,如果每个用户各取出 400 元,存款额的最后余额应该是 1200 元。但程序的运行结果却并非如此,并且运行结果是随机的,每次互不相同。

之所以会出现这种结果,是由于线程 t1 和 t2 的并发运行引起的。例如,当 t1 从存款额 sum 中取出 100 元,t1 中的临时变量 temp 的初始值是 2000 元,取款后将 temp 的值改变为 1900,在将 temp 的新值写回 sum 之前,t1 睡眠了一段时间。正在 t1 睡眠的这段时间内,t2 来读取 sum 的值,其值仍然是 2000,然后将 temp 的值改变为 1900,在将 temp 的新值写回 sum 之前,t2 睡眠了一段时间。这时,t1 睡眠结束,将 sum 更改为其 temp 的值 1900,并输出 1900。接着进行下一轮循环,将 sum 的值改为 1800,并输出后,再继续循环,在将 temp 的值改变为 1700 之后,还未来得及将 temp 的新值写回 sum 之前,t1 进入睡眠状态。这时,t2 睡眠结束,将它的 temp 的值 1900 写入 sum 中,并输出 sum 的现在值 1900……如此继续,直到每个线程结束,出现了和原来设想不符合的结果。

通过对该程序的分析,发现出现错误结果的根本原因是两个并发线程共享同一内存变量。后一线程对变量的更改结果覆盖了前一线程对变量的更改结果,造成数据混乱。为了防止这种错误的发生,Python 提供了一种简单而又强大的同步机制。

2. 线程同步的方法

使用同步线程是为了保证在一个进程中多个线程能协同工作,所以线程的同步很重要。

所谓线程同步就是在执行多线程任务时，一次只能有一个线程访问共享资源，其他线程只能等待，只有当该线程完成自己的执行后，另外的线程才可以进入。

使用 Thread 对象的 Lock 和 Rlock 可以实现简单的线程同步，这两个对象都有 acquire() 方法和 release() 方法，对于那些需要每次只允许一个线程操作的数据，可以将其操作放到 acquire() 和 release() 方法之间。

【例 7.6】 改写例 7.5，用线程同步的方法设计用户从银行取款的应用程序。

程序代码如下：

```python
import threading
import time

threadLock = threading.Lock()  # 创建一个锁对象

# 定义银行账户类
class Mbank:
    global sum
    sum=2000
    def take(k):
        global sum
        temp=sum
        temp=temp - k
        time.sleep(0.2)
        sum = temp
        print("sum=",sum)


# 模拟用户取款的线程子类
class MyThread(threading.Thread):
    tickets = 10
    def __init__ (self):
        threading.Thread.__init__ (self)

    def run(self):
      for i in range(1,5):
        threadLock.acquire()  # 获得锁
        Mbank.take(100)
        threadLock.release()  # 释放锁

def main():
    t1 = MyThread()
    t1.start()
    t2 = MyThread()
    t2.start()
```

用户取款时使用线程同步，调用银行账户

```
if __name__ == "__main__":
    main()
```

程序运行结果如下:

```
sum= 1900
sum= 1800
sum= 1700
sum= 1600
sum= 1500
sum= 1400
sum= 1300
sum= 1200
```

【程序说明】

例 7.6 与例 7.5 比较,只是在线程类的 run()方法中增加了同步锁。由于对 take()方法增加了同步限制,所以在线程 t1 结束 take()方法运行之前,线程 t2 无法进入 take()方法;同理,在线程 t2 结束 take()方法运行之前,线程 t1 无法进入 take()方法,从而避免了一个线程对 sum 变量的更改结果覆盖了另一线程对 sum 变量的更改结果。

7.2 异 常 处 理

视频讲解

异常(exception)指程序运行过程中出现的非正常现象,如用户输入错误、需要处理的文件不存在、在网络上传输数据但网络没有连接等。由于异常情况总是可能发生的,良好、健壮的应用程序除了具备用户要求的基本功能外,还应该具备预见并处理可能发生各种异常的功能。所以,开发应用程序时要充分考虑各种可能发生的异常情况,使程序具有较强的容错能力。把这种对异常情况进行技术处理的技术称为异常处理。

7.2.1 Python 中的常见标准异常

Python 系统定义了一系列可能发生的异常类型,这些预定义的异常类型称为标准异常。当程序运行过程中发生标准异常时系统会显示相应的提示信息。在 Python 系统中定义的常见标准异常如表 7.2 所示。

表 7.2　　Python 中定义的常见标准异常

异常类型	说明
BaseException	所有异常的基类
KeyboardInterrupt	用户中断执行（通常是输入^C）
Exception	常规错误的基类
StandardError	所有的内建标准异常的基类
FloatingPointError	浮点计算错误
OverflowError	数值运算超出最大限制
ZeroDivisionError	除（或取模）零（所有数据类型）

异常类型	说明
AttributeError	对象没有这个属性
IOError	输入输出操作失败
WindowsError	系统调用失败
ImportError	导入模块/对象失败
UnboundLocalError	访问未初始化的本地变量
SyntaxError	Python 语法错误
IndentationError	缩进错误

在 Python 系统中，还有许多类型的异常，在这里就不一一列举了。

7.2.2　异常的捕捉与处理

在 Python 中，使用 try 语句实现捕捉与处理异常。try 语句有多种形式，现介绍如下：

1. try…except 语句

try…except 语句的语法格式为：

```
try:
    <被检测的语句块>
except <异常类型名称>:
    <处理异常的语句块>
```

上述语句检测 try 语句后面的<被检测的语句块>中是否有异常，如果有异常，则执行 except 语句后面的<处理异常的语句块>中的语句；否则，直接忽略<处理异常的语句块>，执行后续语句。

【例 7.7】　元组下标越界引发异常。

程序代码如下：

```
s=[1,2,3,4,5]
try:
    print(s[5])
except IndexError:
    print("发生异常原因：索引出界")
```

程序运行结果如下：

```
发生异常原因：索引出界
```

2. try…except…else 语句

try…except…else 语句的语法格式为：

```
try:
    <被检测的语句块>
except <异常类型名称>:
    <处理异常的语句块>
```

```
else:
    <无异常时执行的语句块>
```

上述语句检测 try 语句后面的<被检测的语句块>中是否有异常，如果有异常，则执行 except 语句后面的<处理异常的语句块>中的语句；否则，忽略<处理异常的语句块>，直接执行 else 语句。

【例 7.8】 编写一个把字符串写入一个文件的程序。若写入成功，则提示"内容写入文件成功"，否则提示"Error：没有找到文件或读取文件失败"。

程序代码如下：

```
try:
    fh = open("testfile.txt", "w")
    fh.write("这是一个测试文件,用于测试异常!!")
except IOError:
    print("Error: 没有找到文件或读取文件失败")
else:
    print("内容写入文件成功")
    fh.close()
```

3. 带有多个 except 子句的 try 语句

带有多个 except 子句的 try 语句的语法格式与 try…except 语句的语法格式相似，只是使用了多个 except 子句。

【例 7.9】 编写程序，从键盘输入 1，2，…，5 中的一个数字，当输入其他数字或字符则提示为异常。

程序代码如下：

```
s=[1,2,3,4,5]
while True:
    try:
        i = eval(input('input:'))
        print(s[i])
    except IndexError:
        print("发生异常原因：索引出界")
        break
    except NameError:
        print("发生异常原因：不是数字")
        break
    except KeyboardInterrupt:
        print("发生异常原因：用户中断输入")
        break
    else:
        pass
```

【程序说明】

这段代码的功能是：循环读取键盘输入的数据，作为索引输出列表的值；被检测的代码块可能有 3 种异常，它们是索引越界、输入的是字符而不是数字、用户中断了数据输入。无论哪种异常发生都会终止循环并结束程序。

4. 带有 finally 子句的 try 语句

在 try 语句中，如果带有 finally 子句，则无论异常是否发生，finally 子句均会被执行。

【**例 7.10**】 带有 finally 子句的 try 语句示例。

程序代码如下：

```python
s=input("请输入你的年龄:")
if s =="":
    raise Exception("输入不能为空。")        raise 为引发异常的语句
try:
    i=int(s)
except Exception as err:
    print(err)
finally:
    print("Goodbye!")
```

7.3 正则表达式

视频讲解

7.3.1 字符匹配与匹配模式

1. 字符匹配

假设要搜索一个包含字符 cat 的字符串，搜索用的子字符串就是 cat。如果搜索对大小写不敏感，单词 catalog、Catherine、sophisticated 都可以匹配。也就是说，子字符串 cat 匹配 catalog、Catherine、sophisticated。

2. 匹配模式

例如，使用"?"和"*"通配符来查找硬盘上的文件。"?"通配符匹配文件名中的一个字符，而"*"通配符匹配多个字符。这时，"?"和"*"通配符就是一种匹配模式。

例如，"data?.dat"这样的模式将查找下列文件：

```
data.dat
data1.dat
data2.dat
datax.dat
dataN.dat
```

若使用"*"字符代替"?"字符则扩大了找到的文件的数量。data*.dat 匹配下列所有文件：

```
data.dat
data1.dat
data2.dat
data12.dat
datax.dat
dataXYZ.dat
```

7.3.2 正则表达式的规则

1. 构建正则表达式规则的特殊字符

正则表达式是一种可以用于模式匹配和替换的一种逻辑公式，就是用事先定义的一些特定字符及这些特定字符的组合，组成一个"规则字符串"，这个"规则字符串"用来表达对字符串的一种过滤逻辑。一个正则表达式就是由普通的字符（如字符'a'～'z'）以及特殊字符（称为"元字符"）组成的文字模式。该模式用以描述在查找文字主体时待匹配的一个或多个字符串。

使用正则表达式，可以通过简单的办法来实现强大的功能。

下面先看一个用特殊字符（元字符）表示正则表达式规则的示例：

```
^ [ 0 - 9 ] + abc$
```

其中：

- ^：匹配字符串的开始位置。
- [0-9]+：匹配多个数字，[0-9]匹配单个数字，+匹配一个或多个。
- abc$：匹配字母 abc 并以 abc 结尾，$为匹配输入字符串的结束位置。

该规则表示，需要匹配以数字开头并以 abc 结尾的字符串。

【例 7.11】 编写程序，匹配以数字开头并以 abc 结尾的字符串。

程序代码如下：

```
import re

str = r"123abc"              # 需要匹配的源文本
p1 = r"^[0-9]+abc$"          # 编写正则表达式规则
patt1 = re.compile(p1)       # 编译正则表达式
matc1 = re.search(patt1, str) # 在源文本中搜索符合正则表达式的部分
print(matc1.group(0))        # 获得分组信息并输出匹配结果
```

程序运行结果如下：

```
123abc
```

构建正则表达式规则的常用特殊字符（元字符）如表 7.3 所示。

表 7.3 构建正则表达式规则的常用特殊字符

元字符	说明
\	反斜杠，转义符
^	限制开头字符，如^python 表示限制以 python 为开头字符
$	限制结尾字符，如 python$表示限制以 python 为结尾字符

元字符	说明
[ ]	只有方括号中指定的字符才参与匹配，如[ab]表示匹配字符 a 或 b
[^]	方括号中的 ˆ 为否符号，如[^a]表示匹配以字母 a 开头除外的字符
.	通配符，代表任意一个单独字符。使用时，需要用 "\." 表示
{n,}	n 是一个非负整数，至少匹配 n 次。例如，o{2,}不能匹配 Bob 中的 o，但能匹配 foooood 中的所有 o
*	匹配前面的子表达式任意次。例如，zo*能匹配 z，也能匹配 zo 以及 zoo，*等价于 o{0,}
+	匹配前面的子表达式至少一次。例如，zo+能匹配 zo 以及 zoo，但不能匹配 z，+等价于{1,}

2. 使用正则表达式进行匹配的流程

正则表达式的匹配过程是：依次比较表达式和文本中的字符，如果每个字符都能匹配，则匹配成功；一旦有匹配不成功的字符则匹配失败。

使用正则表达式进行匹配的流程如图 7.4 所示。

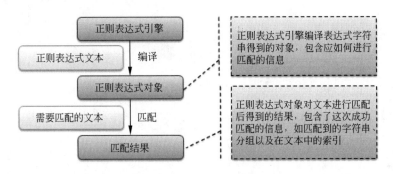

图 7.4　使用正则表达式进行匹配的流程

7.3.3　正则表达式 re 模块的方法

1. re 模块的方法

正则表达式 re 模块提供了正则表达式操作需要的方法，利用这些方法，可以很方便地得到匹配结果。

正则表达式 re 模块的常用方法如表 7.4 所示。

表 7.4　正则表达式 re 模块的常用方法

方法	说明
compile(pattern)	编译正则表达式，创建模式对象
search(pattern,string)	在字符串中寻找模式，返回 match 对象
match(pattern,string)	在字符串开始处匹配模式
split(pattern,string)	根据模式分隔字符串，返回列表
findall(pattern,string)	以列表形式返回匹配项

2. 模式对象的方法

构建的模式对象有几个常用方法，现介绍如下。

1）group()

group()用于获取子模式（组）的匹配项。

例如：

```
pat = re.compile(r'www\.(.*)\.(.*)')    # 用()表示一个组，这里定义两个组
m = pat.match('www.dxy.com')
m.group()          # 默认值为0,表示匹配整个字符串,返回'www.dxy.com'
m.group(1)         # 返回给定组1匹配的子字符串'dxy'
m.group(2)         # 返回给定组2匹配的子字符串'com'
```

2）start()

start()为指定组匹配项的开始位置。

例如：

```
m.start(2)         # 组2开始的索引,返回值为8
```

3）end()

end()为指定组匹配项的结束位置。

例如：

```
m.end(2)           # 组2结束的索引,返回值为11
```

【例7.12】 编译正则表达式，创建模式对象示例。

程序代码如下：

```
import re
patt1 = re.compile('A')            # 编译正则表达式,patt1为模式对象
matc1 = patt1.search('CBA')        # 等价于 re.search('A','CBA')
print(matc1)
# 如果匹配到了，返回<_sre.SRE_Match object : span=(2, 3), match='A'>

matc2 = patt1.search('CBD')
print(matc2)
# 如果没有匹配，则返回None(false)
```

【例7.13】 在一个字符串中查找子串示例。

程序代码如下：

```
# 第一步，要引入re模块
import re
# 第二步，调用模块函数
a = re.findall("创造", "创新的目的是给社会创造更大的价值")
print(a)    # 以列表形式返回匹配到的字符串
```

程序运行结果如下：

```
['创造']
```

【**例 7.14**】　编写程序，把文件 a.txt 中的字符串 "Hello" 替换为 "你好"，并把更换后的文件保存到 b.txt。

程序代码如下：

```
import re

f1 = open('a.txt', 'r+')
f2 = open('b.txt', 'w+')

str1 = r'Hello'      # 前缀r表示自然字符串,特殊字符失去意义
str2 = r'你好'

for s in f1.readlines():
    tt = re.sub(str1, str2, s)
    f2.write(tt)

f1.close()
f2.close()
```

运行程序后，在当前目录下生成一个 b.txt 文件，文件 a.txt 和替换后文件 b.txt 的内容如图 7.5 所示。

（a）替换前文件 a.txt 的内容

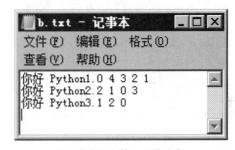

（b）替换后文件 b.txt 的内容

图 7.5　用 "你好" 替换 "Hello"

7.4　案 例 精 选

视频讲解

【**例 7.15**】　应用多线程，编写一个 "幸运大转盘" 抽奖游戏程序。

程序代码如下：

```
import tkinter
import time
import threading

root = tkinter.Tk()
root.title('"幸运大转盘"抽奖游戏')
```

```
root.minsize(300,300)

btn1 = tkinter.Button(text = '奔驰',bg = 'red')
btn1.place(x = 20, y = 20, width = 50, height = 50)

btn2 = tkinter.Button(text = '宝马',bg = 'white')
btn2.place(x = 90, y = 20, width = 50, height = 50)

btn3 = tkinter.Button(text = '奥迪',bg = 'white')
btn3.place(x = 160, y = 20, width = 50, height = 50)

btn4 = tkinter.Button(text = '日产',bg = 'white')
btn4.place(x = 230, y = 20, width = 50, height = 50)

btn5 = tkinter.Button(text = '宾利',bg = 'white')
btn5.place(x = 230, y = 90, width = 50, height = 50)

btn6 = tkinter.Button(text = '劳斯',bg = 'white')
btn6.place(x = 230, y = 160, width = 50, height = 50)

btn7 = tkinter.Button(text = '奇瑞',bg = 'white')
btn7.place(x = 230, y = 230, width = 50, height = 50)

btn8 = tkinter.Button(text = '吉利',bg = 'white')
btn8.place(x = 160, y = 230, width = 50, height = 50)

btn9 = tkinter.Button(text = '大众',bg = 'white')
btn9.place(x = 90, y = 230, width = 50, height = 50)

btn10 = tkinter.Button(text = '沃尔沃',bg = 'white')
btn10.place(x = 20, y = 230, width = 50, height = 50)

btn11 = tkinter.Button(text = '红旗',bg = 'white')
btn11.place(x = 20, y = 160, width = 50, height = 50)

btn12 = tkinter.Button(text = '长城',bg = 'white')
btn12.place(x = 20, y = 90, width = 50, height = 50)

# 将所有选项组成列表
carlist = [btn1,btn2,btn3,btn4,btn5,btn6,btn6,btn7,btn8, btn9,btn10,btn11,
btn12]
# 是否开始循环的标志
isloop = False
def round():
    # 判断是否开始循环
```

```
    if isloop == True:
        return
    # 初始化计数变量
    i = 0
    # 死循环
    while True:
        time.sleep(0.1)
        # 将所有的组件背景变为白色
        for x in carlist:
            x['bg'] = 'white'
        # 将当前数值对应的组件变色
        carlist[i]['bg'] = 'red'
        i += 1    # 变量+1
        # 如果i大于最大索引则直接归零
        if i >= len(carlist):
            i = 0
        if functions == True :
            continue
        else :
            break


# "开始"按钮事件：建立一个新线程的函数
def newtask():
    global isloop
    global functions
    # 建立新线程
    t = threading.Thread(target = round)
    # 开启线程运行
    t.start()
    # 设置程序开始标志
    isloop = True
    # 是否运行的标志
    functions = True


# "停止"按钮事件：停止循环
def stop():
    global isloop
    global functions

    functions = False
    isloop = False


# "开始/停止"按钮
btn_start = tkinter.Button(root,text = '开始',command = newtask)
btn_start.place(x = 90, y = 120, width = 50, height = 50)
```

```
btn_stop = tkinter.Button(root,text = '停止',command = stop)
btn_stop.place(x = 160, y = 120, width = 50, height = 50)

root.mainloop()
```

程序运行结果如图 7.6 所示。

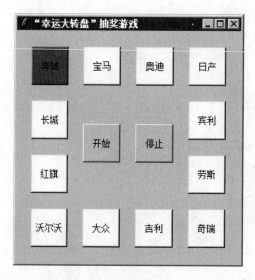

图 7.6 "幸运大转盘"抽奖游戏

习 题 7

1. 编写一个龟兔赛跑的多线程程序,单击按钮后,龟兔开始赛跑(兔子比乌龟跑得速度快 5 倍,但休息的时间则长 10 倍)。

2. 用多线程编写模拟自由落体与平抛运行的程序。

第 **8** 章

网络程序设计

网络应用的核心思想是使连入网络的不同计算机能够跨越空间协同工作，要求它们之间能够准确、迅速地传递信息。Python 是一门非常适合于分布计算环境的语言，网络应用是它的重要应用之一，尤其是它具有非常好的 Internet 网络程序设计功能。

本章将介绍 Python 用于编写网络通信及网络应用程序的设计方法。

8.1　套接字 Socket 编程基础

8.1.1　套接字 Socket

1. 网络通信中的端口

由于一台计算机上可同时运行多个网络程序，IP 地址只能保证把数据信息送到该计算机，但无法知道要把这些数据交给该主机上的哪个网络程序，因此用"端口号"来标识正在计算机上运行的进程（程序）。每个被发送的网络数据包也都包含"端口号"，用于将该数据帧交给具有相同端口号的应用程序处理。

例如，在一个网络程序指定了自己所用的端口号为 52000，那么其他网络程序（如端口号为 13）发送给这个网络程序的数据包必须包含 52000 端口号，当数据到达计算机后，驱动程序根据数据包中的端口号，就知道要将这个数据包交给这个网络程序，如图 8.1 所示。

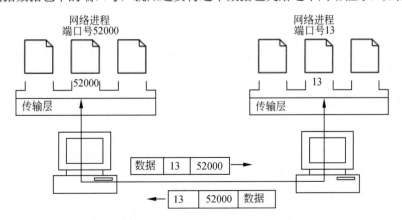

图 8.1　用"端口号"来标识进程

端口号是一个整数，其取值范围为 0～65535。由于同一台计算机上不能同时运行两个有相同端口号的进程。通常 0～1023 的端口号作为保留端口号，用于一些网络系统服务和应用，用户的普通网络应用程序应该使用 1024 以后的端口号，从而避免端口号冲突。

2. 套接字 Socket 简介

在网络通信中，通过 IP 地址可以在网络上找到主机，通过端口号可以找到主机上正在运行的网络程序。在 TCP/IP 中，套接字就是 IP 地址与端口号的组合。如图 8.2 所示，IP 地址 193.14.26.7 与端口号 13 组成一个套接字。

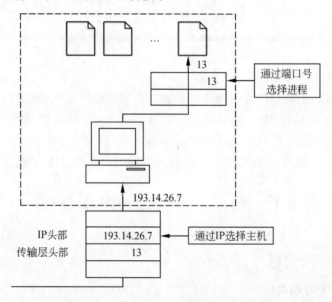

图 8.2　套接字是 IP 地址和端口号组合

Python 使用了 TCP/IP 套接字机制，并使用一些类来实现套接字中的概念。Python 中的套接字提供了在一台处理机上执行的应用程序与在另一台处理机上执行的应用程序之间进行连接的功能。

网络通信，准确地说，不仅是两台计算机之间在通信，而且是两台计算机上执行的网络应用程序（进程）之间在收发数据。

当两个网络程序需要通信时，它们可以通过使用 Socket 类建立套接字连接。可以把套接字连接想象为一个电话呼叫，当呼叫完成后，通话的任何一方都可以随时讲话。但是在最初建立呼叫时，必须有一方主动呼叫，而另一方则正在监听铃声。这时，把呼叫方称为"客户端"，负责监听的一方称为"服务器端"。

8.1.2　TCP 与 UDP

在网络协议中，有两个高级协议是在网络应用程序编写中常用的，它们是传输控制协议（Transmission Control Protocol, TCP）和用户数据报协议（User Datagram Protocol, UDP）。

TCP 是面向连接的通信协议，TCP 提供两台计算机之间可靠、无差错的数据传输。应用程序利用 TCP 进行通信时，信息源与信息目标之间会建立一个虚连接。这个连接一旦建立成功，两台计算机之间就可以把数据当作一个双向字节流进行交换。接收方对于接收到的每个数据包都会发送一个确认信息，发送方只有收到接收方的确认信息后才发送下一个数据包，通过这种确认机制保证数据传输无差错。

UDP 是无连接通信协议，UDP 不保证可靠数据的传输。简单地说，如果一个主机向另外一台主机发送数据，这一数据就会立即发送，而不管另外一台主机是否已准备接收数据。如果另外一台主机收到了数据，它不会确认收到与否。这一过程，类似于从邮局发送信件，无法确定收信人一定收到了发出去的信件。

视频讲解

8.2　套接字 Socket 程序设计

8.2.1　基于 TCP 的客户机/服务器模式

Python 系统内部集成了 Socket 模块，编写网络套接字通信程序时，可以直接使用 Socket 模块。

利用 Socket 方式进行数据通信与传输，大致有如下步骤：

1. 创建服务器端套接字 Socket，监听客户端的连接请求

（1）通过 socket()函数创建服务器端套接字 Socket 对象。

（2）Socket 对象用 bind()函数把服务器的 IP 地址绑定到这个套接字上。

（3）Socket 对象用 listen()函数监听客户端的连接请求。

（4）Socket 对象用 accept()函数等待并接收客户端的连接，连接成功则创建一个新的通信套接字。

2. 创建客户端 Socket 对象，向服务器端发起连接

（1）通过 socket()函数创建客户端 Socket 对象。

（2）客户端 Socket 对象用 connect()函数发起连接请求。

（3）建立连接。

3. 客户机与服务器通信

（1）服务器通信套接对象用 sendall()函数向客户端发送信息。

（2）客户端套接字 Socket 对象用 recv()函数接收服务器发来的信息。

（3）客户端套接字 Socket 对象用 sendall()函数向服务器发送信息。

（4）服务器通信套接字对象用 recv()函数接收客户端发来的信息。

（5）通信完毕，使用 close()函数关闭套接字。

客户机/服务器模式的连接请求与响应过程如图 8.3 所示。

【例 8.1】 远程数据通信示例，本例由客户端程序和服务器程序两部分组成。

（1）服务器端程序 ex8_1_server.py。

```
from socket import *

HOST = '127.0.0.1'
PORT = 4321
ADDR = (HOST, PORT)
ss = socket(AF_INET, SOCK_STREAM, 0)          创建和设置套接字对象
ss.bind(ADDR)
ss.listen(10)
```

```
while True:
    print('等待客户机连接……\n')
    cs, caddr = ss.accept()
    print('连接的客户机来自于: ', caddr)
    str = '欢迎你访问本服务器!'
    cs.sendall(bytes(str, 'UTF-8'))
    msg = cs.recv(1024).decode()
    print('接收客户机信息: ', msg)
    cs.close()

ss.close()
```

向客户机发送信息

接收客户机发来的信息

关闭套接字对象

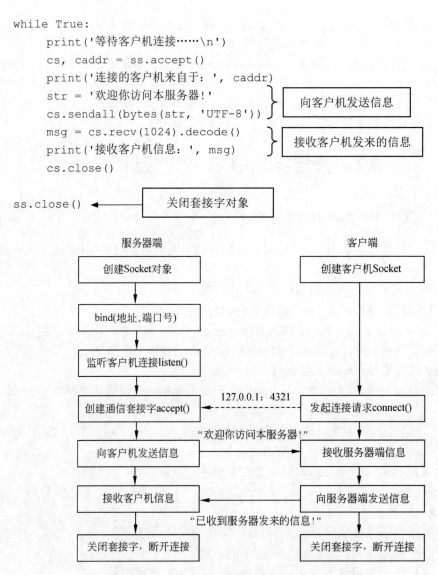

图 8.3　客户机/服务器模式的连接请求与响应过程

（2）客户端程序 ex8_1_client.py。

```python
from socket import *
import tkinter
from tkinter import scrolledtext    # 导入滚动文本框的模块

win = tkinter.Tk()
win.title('客户端程序')

# 创建一个容器
monty = tkinter.LabelFrame(win, text=" 接收信息 ")
                                    # 创建LabelFrame容器,其父容器为win
```

```
monty.grid(column=0, row=0, padx=10, pady=10)
                                    # padx和pady为该容器外围需要留出的空间

# 滚动文本框
scrolW = 60                             # 设置文本框的长度
scrolH = 5                              # 设置文本框的高度

txt_recv = scrolledtext.ScrolledText(monty, width=scrolW, height=scrolH)
txt_recv.grid(column=0, columnspan=3)   # columnspan将3列合并成一列

# 按钮收发信息事件
def conn():
  HOST = '127.0.0.1'
  PORT = 4321
  ADDR = (HOST, PORT)
  cs = socket(AF_INET, SOCK_STREAM, 0)
  cs.connect(ADDR)                       #向服务器发起连接请求

  data = cs.recv(1024).decode()          ◀──  接收服务器发来的信息
  msgcontent = '接收到服务器发来的信息: \n '
  text_recv.insert('end', msgcontent+data, 'green')  ◀──  在文本框显示接收的信息

  str = '已收到服务器发来的信息!'        ⎫
  cs.sendall(bytes(str, 'UTF-8'))        ⎬  向服务器发送信息

  cs.close()

# 按钮对象
action = tkinter.Button(monty, text="连接服务器", command=conn)
action.grid(column=2, row=1)          # 设置布局位置,column代表列,row 代表行
# 主事件循环
win.mainloop()                        # 当调用mainloop()时,窗口才会显示出来
```

运行程序时,先打开一个控制台窗口,用命令执行服务器端程序后,再重新打开一个新的控制台窗口,用命令执行客户机端程序。

程序运行结果如图 8.4 所示(先运行服务器端程序,再运行客户端程序)。

 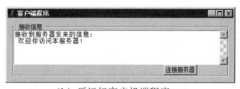

　　　(a) 先运行服务器端程序　　　　　　　(b) 后运行客户机端程序

图 8.4　客户机/服务器通信

8.2.2　基于 UDP 的网络程序设计

UDP 是面向无连接的协议。使用 UDP 时，不需要建立连接，只要知道对方的 IP 地址和端口号，就可以直接发数据包。例如，发送短信，只要数据发送出去，无须了解对方是否接收到。

UDP 的编写步骤如下：

- 创建 Socket 套接字；
- 发送/接收数据；
- 关闭套接字。

【例 8.2】　编写程序，实现下列功能：

（1）一台客户机从键盘输入一行字符，并通过其套接字将该行发送到服务器。

（2）服务器从其连接套接字读取字符。

（3）服务器将该行字符转换为大写。

（4）服务器将修改后的字符串（行）通过连接套接字再发回给客户机。

（5）客户机从其套接字中读取修改后的行，然后将该行在监视器上显示。

本例包括两个程序：服务器端程序和客户端程序。

（1）服务器端程序。

程序代码如下：

```python
import socket
# 创建一个socket,SOCK_DGRAM表示UDP
s = socket.socket(socket.AF_INET,socket.SOCK_DGRAM)

s.bind(('127.0.0.1', 10021))              # 绑定IP地址及端口

print('Bound UDP on 10021...')

while True:
    # 获得数据和客户端的地址与端口,一次最大接收1024B
    data, addr = s.recvfrom(1024)
    print('Received from %s:%s.' % addr)
    # 将数据转换为大写送回客户端
    s.sendto(data.decode('utf-8').upper().encode(), addr)

# 不关闭Socket
```

（2）客户端程序。

程序代码如下：

```python
# coding=utf-8

from socket import *
```

```
# 创建UDP套接字
udp_socket = socket(AF_INET, SOCK_DGRAM)

# 准备接收方的地址
# 127.0.0.1表示目的IP地址
# 10021表示目的端口
dest_addr = ('127.0.0.1', 10021)   # 地址为元组，IP是字符串，端口是数字

while True:
    # 从键盘获取数据
    send_data = input("请输入要发送的数据:")
    if not send_data or send_data == 'quit':
        break
    # 发送数据到指定计算机上的指定程序中
    udp_socket.sendto(send_data.encode('utf-8'), dest_addr)

    # 等待接收对方发送的数据
    # 如果没有收到数据则会阻塞等待，直到收到数据
    recv_data = udp_socket.recvfrom(1024)   # 1024表示本次接收的最大字节数

    # 显示对方发送的数据
    # 接收到的数据recv_data是一个元组
    # 第1个元素是对方发送的数据
    # 第2个元素是对方的IP和端口
    print(recv_data[0].decode('utf-8'), recv_data[1])

# 关闭套接字
udp_socket.close()
```

运行程序时，应该先运行服务器端程序，然后再运行客户端程序，运行结果如图8.5所示。

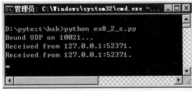
（a）先运行服务器端程序

（b）后运行客户端程序

图 8.5 UDP 通信示例

8.3 网络应用案例精选

视频讲解

8.3.1 FTP 应用

FTP 是网络应用中最常用的一种协议。使用 FTP 传输文件时，需要使用 FTP 客户端程

序登录到 FTP 服务器，再从 FTP 服务器下载或上传文件。下面介绍 Python 编写 FTP 客户端程序的方法。

1. ftplib 模块

在 Python 系统默认安装的 ftplib 模块中，定义了 FTP 类。应用 ftplib 模块中的 FTP 类，可以方便地编写 FTP 客户端程序，用于上传或下载文件。

2. FTP 类的常用方法

FTP 类的常用方法如表 8.1 所示。

表 8.1　FTP 类的常用方法

方法	说明
ftp = FTP()	创建 FTP 对象
ftp.connect('IP', PORT)	连接 FTP 服务器，参数为服务器 IP 和端口
ftp.login('user', 'password')	登录用户名和密码
ftp.cmd('path')	进入远程目录
ftp.quit()	退出 FTP
ftp.dir()	显示目录下所有目录的信息
ftp.nlst()	获取目录下的文件
ftp.mkd(pathname)	新建远程目录
ftp.rmd(dirname)	删除远程目录
ftp.pwd()	返回当前所在位置
ftp.delete(filename)	删除远程文件
ftp.rename(fromname, toname)	将 fromname 改名为 toname
ftp.storbinaly('STOR filename', file_handel,bufsize)	上传目标文件
ftp.retrbinary('RETR filename, file_handel,bufsize)	下载 FTP 文件

3. 应用示例

【例 8.3】　设在 FTP 服务器（IP 为 129.168.1.1，端口号为 21）上有目录 test，该目录下有文件 hello.c。编写一个 FTP 客户端程序，将 FTP 服务器上的 hello.c 文件下载到客户机的 pytest 目录下。

程序代码如下：

```
from ftplib import FTP

ftp = FTP()                      # 创建FTP对象
timeout = 30                     # 设定传输超时的时间
port = 21                        # 端口号
ip = '192.168.1.1'              # FTP服务器的IP地址
username = 'admin'              # 登录用户名
passwd = '123456'              # 用户密码
trFileName = 'hello.c'         # 设置要传输的文件

ftp.connect(ip,port, timeout)   # 连接FTP服务器
ftp.login(username, passwd)     # 用户登录服务器
print(ftp.getwelcome())         # 获得欢迎信息
```

```
ftp.cwd('/test')                                    # 设置FTP路径（FTP服务器）
ftp.dir()                                           # 显示FTP路径目录下的文件

path = '/pytest/' + trFileName                      # 文件保存路径（客户机）
f = open(path,'wb')                                 # 打开要保存文件
filename = 'RETR ' + trFileName                      # 保存FTP文件
ftp.retrbinary(filename, f.write)                   # 保存FTP上的文件
print(filename)                                     # 显示从FTP服务器下载的文件

ftp.quit()                                          # 退出FTP服务器
```

在 FTP 服务器端运行 FTP 服务程序，然后在客户端运行本程序。程序运行程序结果如下：

```
220 Welcome to Gxnn.com FTP Server!
-rwx------ 1 user group    251 Mar 13 13:28 hello.c
-rwx------ 1 user group  19521 Jul 24 22:23 hello.exe
-rwx------ 1 user group   4146 Jul 24 22:23 hello.o
RETR hello.c
```

这时，在客户端的 pytest 目录下，可以看到从 FTP 服务器下载的 hello.c 文件。

8.3.2 基于 TCP 的端口扫描器

端口扫描是指通过 TCP 握手或别的方式判别一个给定主机上的某些端口是否处于开放或监听状态。下面编写一个简单的端口扫描器。

【例 8.4】 编写一个简易的端口扫描器程序。

```
from socket import *
import threading
import tkinter as tk
from tkinter import ttk
from tkinter import scrolledtext                    # 导入滚动文本框的模块

lock = threading.Lock()
openNum = 0
threads = []
host_ip = '192.168.1.1'
# str_port = ''

def portScanner(host,port):
    global openNum
    try:
        s = socket(AF_INET,SOCK_STREAM)             # 建立基于TCP的套接字对象
        s.connect((host,port))
        lock.acquire()                              # 多线程互斥锁
```

```
            openNum += 1                          # 统计打开的端口数
            str_port = '[+] %d open' % port
            txt.insert(tk.INSERT, str_port+'\n')  # 在文本框中显示扫描的结果
            lock.release()                        # 释放线程互斥锁
            s.close()
        except:
            pass


# 扫描按钮的方法
def scan():
    global openNum
    txt.insert(tk.INSERT,"正在扫描……\n")
    for port in range(1,500):
        setdefaulttimeout(1)
        t = threading.Thread(
                target=portScanner,
                args=(host_ip, port))
        threads.append(t)
        t.start()
    txt.insert(tk.INSERT,'[*] The scan is complete!\n')


# 创建窗体
win = tk.Tk()                              # 创建一个窗体对象
win.title("Python 端口扫描器")             # 设置窗体标题


# 创建一个标签框架容器
monty = tk.LabelFrame(win, text=" 扫描端口 ")
monty.grid(column=0, row=0, padx=10, pady=10)


# 按钮
scanBtn = ttk.Button(monty, text="扫描端口!", command=scan)
scanBtn.grid(column=2, row=1)


# 滚动文本框
scrolW = 50                                # 设置文本框的长度
scrolH = 15                                # 设置文本框的高度
txt = scrolledtext.ScrolledText(monty,
            width=scrolW, height=scrolH)
txt.grid(column=0, columnspan=3)           # columnspan 将3列合并成一列


win.mainloop()                             # 当调用mainloop()时,才会在窗口中显示
```

程序运行结果如图 8.6 所示。

图 8.6　简易端口扫描器

8.3.3　远程控制计算机

下面介绍在一台计算机上发送指令远程控制另一台计算机操作的示例。

该控件系统由服务器端程序和客户端程序组成，运行客户端程序的计算机发送操作指令，控制另一台运行服务器端程序的计算机。

【例 8.5】　编写远程控制计算机操作的程序。

（1）服务器端程序。

程序代码如下：

```
from socket import *
import os
import sys


HOST = '127.0.0.1'
PORT = 4321
ADDR = (HOST, PORT)           ┐
ss = socket(AF_INET, SOCK_STREAM, 0)    创建和设置套接字对象
ss.bind(ADDR)
ss.listen(10)
flag = True                   ┘


while True:
    print('等待客户机连接……\n')
    cs, caddr = ss.accept()
    print('连接的客户机来自: ', caddr)
    str = '欢迎你访问本服务器!'
    cs.sendall(bytes(str, 'UTF-8'))
    while True:
        msg = cs.recv(1024).decode()    ◄─── 接收远程命令信息
        print('接收客户机信息: ', msg)
        if(msg == "dir"):               ┐
            os.system('dir')             执行"列文件目录"命令
            break                        ┘
```

```python
        if(msg == "shut"):
            os.system('shutdown -r -t 0')
            break
        if(msg == "quit"):
            cs.close
            sys.exit(0)
        cs.close()
ss.close()
```

执行"重启计算机"命令

执行"退出系统"命令

(2) 客户端程序。

程序代码如下:

```python
from socket import *
import socket
import sys;
import tkinter
from tkinter import scrolledtext                    # 导入滚动文本框的模块

win = tkinter.Tk()
win.title("客户端程序")                              # 添加标题

# 创建一个容器
monty = tkinter.LabelFrame(win, text=" 发送指令信息 ")  # 创建LabelFrame容器
monty.grid(column=0, row=0, padx=10, pady=10)     # padx,pady为容器外围空间

# 滚动文本框
scrolW = 60                                        # 设置文本框的长度
scrolH = 5                                         # 设置文本框的高度

txt_recv = scrolledtext.ScrolledText(monty, width=scrolW, height=scrolH)
txt_recv.grid(column=0, columnspan=4)             # columnspan将3列合并成一列

HOST = '127.0.0.1'
PORT = 4321
ADDR = (HOST, PORT)
global cs

def conn():
    global cs
    cs = socket.socket()
    cs.connect(ADDR)    # 向服务器发起连接请求
    data = cs.recv(1024).decode()

def com_dir():
    global cs
    conn()
    str = "dir"
    cs.sendall(bytes(str, 'UTF-8'))
    cs.close()
```

连接远程被控制的计算机

发送"列文件目录"命令

```
def com_shut():
    conn()
    str = "shut"                          ]── 发送"重启计算机"命令
    cs.sendall(bytes(str, 'UTF-8'))
    cs.close()

def com_quit():
    global cs
    conn()
    str = "quit"                          ]── 发送"退出系统"命令
    cs.sendall(bytes(str, 'UTF-8'))
    cs.close()

# 按钮
action1 = tkinter.Button(monty, text="退出", command=exit)
action1.grid(column=0, row=1)

action2 = tkinter.Button(monty, text="列文件目录", command=com_dir)
action2.grid(column=1, row=1)

action3 = tkinter.Button(monty, text="服务器关机", command=com_shut)
action3.grid(column=2, row=1)

action3 = tkinter.Button(monty, text="关闭服务程序", command=com_quit)
action3.grid(column=3, row=1)

win.mainloop()
```

运行程序时，首先运行服务器端程序，然后再运行客户端程序。程序运行结果如图 8.7 所示。

   （a）运行服务器端程序   （b）运行客户端程序

图 8.7　远程控制计算机操作

8.3.4　网络域名解析

  在 Python 中，域名通常是一个字符串的形式。进行域名解析时，需要去掉字符串头尾的空格，这时需要用到 Python 的 strip()函数。

  strip()函数的一般语法格式为：

```
str.strip([chars])
```

其中，chars 为移除字符串头尾指定的字符。

例如：

```
str = "*****this is string example...wow!!!*****"
print(str.strip('*'))
```

输出结果如下：

```
this is string example...wow!!!
```

当参数 chars 为空格时，strip()要写成无参函数。

当域名写成"http://xxxxx.xxxx.xxxxx"形式时，则需要使用字符串运算符[:]去除"http://"。

【例 8.6】 设文本文件 urllist.txt 中存放网站域名如下：

http://sdk.mobcent.com

http://www.baidu.com

编写一个域名解析程序，解析对应的 IP 地址，并保存到文件 iplist.txt 中。

程序代码如下：

```
import socket

def URL2IP():
    for oneurl in urllist.readlines():
        url = str(oneurl.strip())[7:]    ◀—— 去除字符串中前 7 个字符 "http://"
        print(url)
        try:
            ip = socket.gethostbyname(url)    ◀—— 核心语句：从域名中解析 IP 地址
            print(ip)
            iplist.writelines(str(ip)+"\n")    ◀—— 将解析的 IP 写入文件
        except:
            print("this URL 2 IP ERROR ")

try:
    urllist = open("D:\\urllist.txt","r")
    iplist = open("D:\\iplist.txt","w")
    URL2IP()
    urllist.close()
    iplist.close()
    print("complete !")
except:
    print("ERROR !")
```

程序运行结果如下：

```
sdk.mobcent.com
103.235.239.10
www.baidu.com
119.75.216.20
complete !
```

此时，新生成的文件 iplist.txt 中，保存了解析的 IP 地址，其内容如下：

```
103.235.239.10
119.75.216.20
```

8.4 Python Web 服务简介

视频讲解

1. Web 服务工作原理

在网络中，安装并运行服务器端程序的计算机称为服务器，而运行客户机端程序的计算机称为客户机。网络通信时，要先有服务器端程序启动，等待客户机端的程序运行并向服务器端口发起连接。一般地，服务器端的程序在一个端口上监听，直到有客户机端的程序发来了连接请求，服务器端随之响应，从而建立起一条数据通信信道。连接过程如图 8.8 所示。

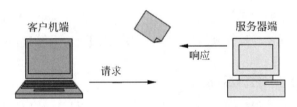

图 8.8 客户机端与服务器端的连接过程

在 Web 服务通信时，其工作可以分解为 4 个过程：

（1）浏览器（客户端）向 Web 服务器端发送一个 HTTP 请求。

（2）Web 服务器收到请求，生成一个 HTML 文档。

（3）Web 服务器把 HTML 文档作为 HTTP 响应发给浏览器。

（4）浏览器收到 HTTP 响应，将页面显示到屏幕上。

2. WSGI

WSGI（Web Server Gateway Interface）是一个 Web 服务网关接口，是将 Python 服务器端程序连接到 Web 服务器的通用协议，其作用如图 8.9 所示。

从图 8.9 中可以看到，WSGI 的接口有两个：一个是与 Web 服务器的接口；另一个是与服务器端程序的接口。WSGI 与 Web 服务器的接口是系统定义的，开发者无须关注。而 WSGI 与服务器端程序的接口是 Python Web 开发者需要学习和掌握的。

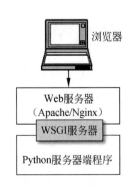

图 8.9 WSGI 连接服务器端程序
与 Web 服务器

3. 编写 WSGI

例如，下面是一个 WSGI 的简单示例，说明编写 WSGI 的一般方法。

程序代码如下：

```
def show_web(environ, start_response):
    start_response('200 OK', [('Content-Type', 'text/html')])
    return '<h1>Hello, Python web!</h1>'
```

在该 WSGI 的示例中，show_web()函数是符合 WSGI 标准的一个 HTTP 处理函数。其参数说明如下：

- environ：包含 HTTP 请求信息的 dict 字典对象。
- start_response：发送 HTTP 响应的函数。

show_web()函数说明如下：

start_response('200 OK', [('Content-Type', 'text/html')])：发送 HTTP 响应的 Header，由于 Header 只能发送一次，这就意味着 start_response()函数只能执行一次。

该函数的参数：'200 OK'是 HTTP 响应码参数，[('Content-Type', 'text/html')]表示 HTTP Header。

start_response()是一个回调函数，WSGI 的程序通过调用 start_response()，将 response headers/status 返回给 WSGI 服务器。

函数的返回值 return '<h1>Hello,web!</h1>'作为 HTTP 响应文档发送给服务器。

至于接收 HTTP 请求、解析 HTTP 请求、发送 HTTP 请求等操作都交由 WSGI 服务器完成，WSGI 只负责业务逻辑。

4. Python WSGI 服务器端程序

Python 内置了一个 WSGI 服务器，这个模块叫作 wsgiref。因此，在编写 WSGI 服务器端程序时，需要引用 wsgiref 模块。

在 wsgiref 模块中定义了一个 make_server()函数，该函数用于创建 WSGI 服务器。

wsgiref 模块的 make_server()函数创建的 WSGI 服务器没有考虑运行效率，只能用于开发和测试使用。

5. Python Web 网络框架

为了能够快速开发 Python Web 应用项目，目前都是采用 Python 网络框架的开发方式。Python 主流的网络框架有 4 种：Django、Tornado、Flask 和 Twisted。关于 Python Web 框架的深入探讨，超出了本书的范围，请读者自行参考相关书籍。

6. Python Web 服务程序设计实例

【例 8.7】 Python Web 服务示例。

（1）编写 WSGI 函数的程序 webapp.py。

程序代码如下：

```
# webapp.py
def show_web(environ, start_response):
    start_response('200 OK', [('Content-Type', 'text/html')])
    data = ' <meta charset="utf-8"> ' \
```

```
                    + ' <h1>Hello, Python Web! </h1> '\
                    + ' <h1>Python是最流行的计算机编程语言。</h1> '

            return [data.encode('utf-8')]
```

（2）编写 Python 服务器端程序 server.py。

程序代码如下：

```
# server.py
# 从wsgiref模块导入
from wsgiref.simple_server import make_server
# 从webapp模块中导入编写的show_web()函数
from webapp import show_web

# 创建一个服务器，IP地址为空，端口号为8000，处理函数是show_web()
httpd = make_server('', 8080, show_web)
print('Serving HTTP on port 8080…')
# 开始监听HTTP请求
httpd.serve_forever()
```

在命令窗口输入运行服务器端程序的命令：

```
python server.py
```

则启动 WSGI 服务器。再打开浏览器，输入 http://localhost:8080/，可以看到运行结果，如图 8.10 所示。

　（a）输入运行程序命令 python server.py　　　　（b）在浏览器中输入 http://localhost:8080

图 8.10　Web 服务运行结果

习　题　8

1．编写程序，实现端口数据转发功能。

2．编写程序，实现端口重定向功能。

3．参考例 8.3，编写一个 FTP 客户端程序，实现上传、下载、删除、更名等功能。

第 **9** 章

网络爬虫实战入门

9.1 网 络 爬 虫

视频讲解

9.1.1 抓取网页数据

网页数据抓取是指从网络资源上抓取网页中的一些有用数据或网络文件数据，其基本过程是获取网络上的网页内容或文件，然后再进行正则匹配处理。

1. 什么是网络爬虫

网络爬虫（又被称为网页蜘蛛、网络机器人）是一种按照一定的规则，自动地抓取互联网信息的程序。

网络爬虫可以理解为在网络上爬行的一只蜘蛛，互联网就比作一张大网，而爬虫便是在这张网上爬来爬去的蜘蛛，如果它遇到资源，那么它就会抓取下来。想要让网络爬虫抓取什么内容，则由编写的程序来控制它。

爬取网页数据需要用到 urllib.request 模块和 BeautifulSoup 模块，下面对这两个模块进行详细介绍。

2. urllib 库

Urllib 库是 python 内置的标准库模块，使用它可以像访问本地文本文件一样读取网页的内容。Python 的 urllib 库包括以下 4 个模块。

- urllib.request：请求模块。
- urllib.error：异常处理模块。
- urllib.parse：URL 解析模块。
- urllib.robotparser：解析模块。

其中，urllib.request 模块主要用于打开和读取 URL 资源，urllib.parse 模块主要用于解析 URL 资源。

3. urllib.request 模块的常用方法

urllib.request 模块的常用方法如表 9.1 所示。

表 9.1 urllib.request 模块的常用方法

方法	说明
urllib.request.urlopen()	建立连接
urllib.request.install_opener(opener)	设置代理

续表

方法	说明
urllib.request.build_opener()	处理连接
urllib.request.Request(url, data)	连接请求
urllib.request.urlretrieve(url, filename=None)	把网络对象复制到本地

下面通过示例说明 urllib.request 模块常用方法的使用，其基本步骤为如下。

1）导入 urllib.request 模块

```
from urllib import request
```

2）连接要访问的网站，发起请求

```
resp = request.urlopen("http://网站 IP 地址")
```

3）获取网站代码信息

```
print(resp.read().decode())
```

【例 9.1】 应用 urllib.request.urlopen()方法连接网站，抓取页面代码。

程序代码如下：

```
import urllib.request

response=urllib.request.urlopen("http://www.baidu.com/")
print(response.info())
print('\n*******************************************************\n')
print(response.getcode())
print('\n********************************************************\n')
print(response.read())
```

程序运行结果如图 9.1 所示。

```
Connection: Close
Vary: Accept-Encoding
Set-Cookie: BAIDUID=4D73A9AAB69C29336E75B2900F068882:FG=1; expires=Thu, 31-Dec-37
23:55:55 GMT; max-age=2147483647; path=/; domain=.baidu.com
Set-Cookie: BIDUPSID=4D73A9AAB69C29336E75B2900F068882; expires=Thu, 31-Dec-37 23:55:55
GMT; max-age=2147483647; path=/; domain=.baidu.com
Set-Cookie: PSTM=1520904857; expires=Thu, 31-Dec-37 23:55:55 GMT; max-age=2147483647;
path=/; domain=.baidu.com
Set-Cookie: BDSVRTM=0; path=/
Set-Cookie: BD_HOME=0; path=/
Set-Cookie: H_PS_PSSID=1440_21110_18559_17001_20927; path=/; domain=.baidu.com
P3P: CP=" OTI DSP COR IVA OUR IND COM "
Cache-Control: private
Cxy_all: baidu+befc65584d413c23251555985f4d7d52
Expires: Tue, 13 Mar 2018 01:33:30 GMT
X-Powered-By: HPHP
Server: BWS/1.1
X-UA-Compatible: IE=Edge,chrome=1
BDPAGETYPE: 1
BDQID: 0xf64759790004ca35
BDUSERID: 0
**************************************************************
200
**************************************************************
b'<!DOCTYPE html>\n<!--STATUS OK-->\n\r\n\r\n\r\n\r\n\r\n\r\n\r\n\r\n\r\n\r\n\r\n\r
\n\r\n\r\n\r\n\r\n\r\n\r\n\r\n\r\n\r\n\r\n\r\n\r\n\r\n\r\n\r\n\r\n\r\n\r\n\r\n\r\n\r\n
\r\n\r\n\r\n\r\n\r\n\r\n\r\n\r\n\r\n\r\n\r\n\r\n\r\n\r\n\r\n\r\n\r\n\r\n\r\n\r\n\r\n\r
\n\r\n\r\n\r\n\t\r\n\r\n\r\n\r\n\r\n\r\n\r\n\r\n\r\n\r\n\r\n\r\n\r\n\r\n\r\n\r\n\r\n\r
\n\r\n\r\n\r\n\r\n\r\n\r\n\r\n\r\n\r\n\r\n\r\n\r\n\r\n\r\n\r\n\r\n\r\n\t\r\n      \r\n\t
\t\t      \r\n\t\r\n\t\t\t      \r\n\t\r\n\t\t\t      \r\n\t\r\n\t\t\t      \r\n\t\t\t   \r\n
\r\n\t\r\n      \r\n\t\t\t      \r\n\t\r\n\t\t\t      \r\n\t\r\n\t\t\t      \r\n\t\r\n\t\t\t
   \r\n\t\t\t   \r\n\r\n\r\n\r\n\n\n\n\n\n\n\n\n\n\n\n\n\n\n\n\n\n\n\n\n\r\n\n<html>
\n<head>\n    \n    <meta http-equiv="content-type" content="text/html;charset=utf-8">\n    <meta
http-equiv="X-UA-Compatible" content="IE=Edge">\n\t<meta content="always" name="referrer">\n
 <meta name="theme-color" content="#2932e1">\n    <link rel="shortcut icon" href="/favicon.ico"
type="image/x-icon" />\n    <link rel="search" type="application/opensearchdescription+xml"
href="/content-search.xml" title="\xe7\x99\xbe\xe5\xba\xa6\xe6\x90\x9c\xe7\xb4\xa2" />
\n    <link rel="icon" sizes="any" mask
```

图 9.1　抓取的网页内容

视频讲解

9.1.2 把网络爬虫伪装成浏览器

很多网站采取了防止爬虫的措施,如果发现是爬虫,则拒绝访问。为了解决这个问题,通常采用把爬虫伪装成浏览器的办法,从而可能顺利爬下网站中的数据。

1. 下载和安装 fake_useragent 模块

使用 pip 下载和安装 fake_useragent 模块,其命令如下:

```
pip install fake_useragent
```

可以使用 pip 的 list 语句查看安装结果,如图 9.2 所示。

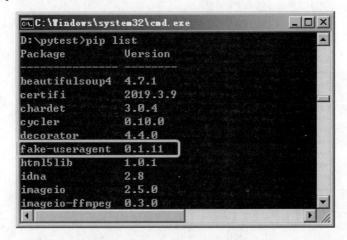

图 9.2　查看安装的模块

2. 导入 fake_useragent 模块

把爬虫伪装成浏览器通常只需导入 fake_useragent 模块的 UserAgent()方法,其导入语句如下:

```
from fake_useragent import UserAgent()
```

3. 把爬虫伪装成浏览器的示例

把爬虫伪装成浏览器的示例如下:

```
url = 'https://movie.doupan.com/nowplaying/xiamen'
headers = {
    "User-Agent": UserAgent().chrome
}
req = request.Request(url,headers=headers)
resp = request.urlopen(req)
print(resp.read().decode())
```

视频讲解

9.1.3 网络爬虫利器——Requests 库

下面介绍一个功能强大的网络爬虫工具 Requests 库的应用。

1. Requests 库的安装与下载

Requests 库是 Python 的第三方库，需要应用 pip 下载和安装，其安装命令如下：

```
pip install requests
```

2. Requests 库的 get()方法

Requests 库获取 HTML 网页的主要方法为 get()，其一般形式为：

```
requests.get(url, **kwargs)
```

其中：

- url 是网站的 URL 地址。
- kwargs 是可选项，控制访问的参数。

【例 9.2】　应用 requests.get()方法连接网站，抓取页面代码的前 380 个字符。
程序代码如下：

```
import requests
from fake_useragent import UserAgent

head = {
"USER-Agent": UserAgent().chrome
}
url = 'https://movie.douban.com/top250'
req = requests.get(url, headers = head)
req.encoding = req.apparent_encoding
print(req.text[:380])
```

程序运行结果如图 9.3 所示。

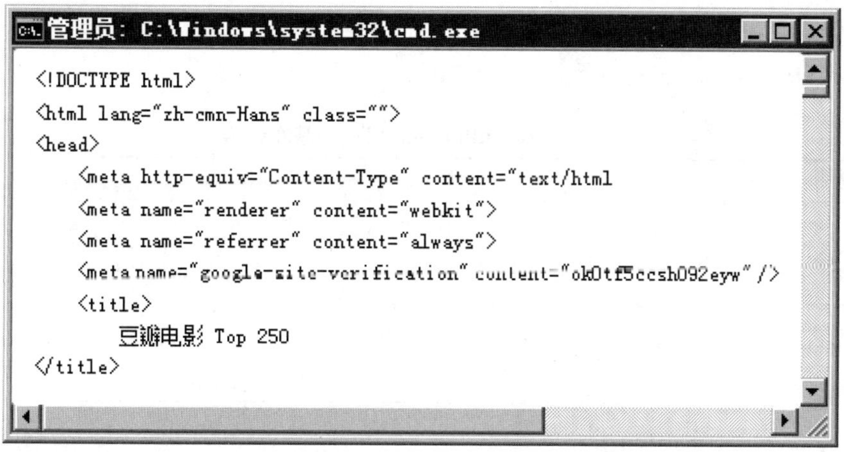

图 9.3　应用 requests.get()方法抓取页面代码

视频讲解

9.1.4 解析网页的 BeautifulSoup 模块

BeautifulSoup 是 Python 的一个解析、遍历、维护网页文档"标签"的功能库模块,其主要功能是从连接的网站上通过解析文档抓取网页数据。BeautifulSoup 模块提供了一些功能函数用来处理导航、搜索、修改分析树等。

BeautifulSoup 模块使用时不需要考虑编码方式,它自动将输入文档转换为 Unicode 编码,输出文档转换为 utf-8 编码。

1. 安装 BeautifulSoup 模块

BeautifulSoup 模块不是 Python 系统自带的模块,因此,在使用前必须用 pip 安装该模块。用 pip 安装 BeautifulSoup 模块的命令如下:

```
pip install beautifulsoup4
```

安装结果如图 9.4 所示。

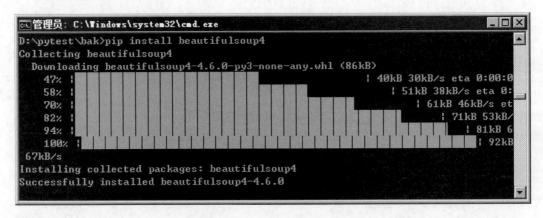

图 9.4　安装 BeautifulSoup 模块

2. BeautifulSoup 模块的基本元素

BeautifulSoup 模块的基本元素如表 9.2 所示。

表 9.2　BeautifulSoup 模块的基本元素

基本元素	说明
Tag	标签,最基本的信息组织单元,分别用<>和</>表明开头和结尾
Name	标签的名字,<p>…</p>的名字是'p',格式为:<tag>.name
Attributes	标签的属性,字典形式组织,格式为:<tag>.attrs
NavigableString	标签内非属性字符串,<>…</>中字符串,格式为:<tag>.string
Comment	标签内字符串的注释部分,一种特殊的 Comment 类型

3. HTML 标签及标签树

1)标签

HTML 文档的语句称为标签,例如:

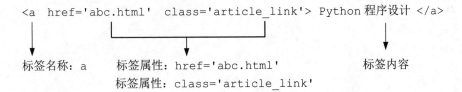

```
<a  href='abc.html'  class='article_link'> Python 程序设计 </a>
```

标签名称：a　　　　标签属性：href='abc.html'　　　　　标签内容
　　　　　　　　　标签属性：class='article_link'

2）标签树

在解析网页文档的过程中，需要应用 BeautifulSoup 模块对 HTML 内容进行遍历。
设有如下一个 HTML 文档：

```
<html>
<head>
    ...
</head>
<body>
<p class="title"> The demo Python Project.</p>
<p class="course"> Python is a programming language.
<a href="http://www.icourse163.com"> Basic Python </a>
    <a href="http:..www.python.org"> Advanced Python </a>
</p>
</body>
</html>
```

将其文档标签绘成树形结构，该结构称为标签树，如图 9.5 所示。

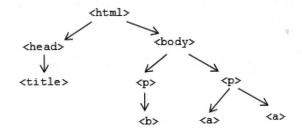

图 9.5　标签树

4. BeautifulSoup 模块对网页页面元素定位方法

设定义 BeautifulSoup 模块解析器对象为 soup，则按网页页面中的标签元素进行定位的方法如表 9.3 所示。

表 9.3　BeautifulSoup 模块对标签元素进行定位的方法

属性	说明
soup.find_all()	搜索信息，返回一个列表类型，存储查找的结果
soup.find()	搜索且只返回一个结果信息

1）通过标签名定位

例如，设有 HTML 文档的代码如下：

```
<table>
<td>apple</td>
<td>banana</td>
<table>
```

则

```
soup.find("td")                    # 返回第一个"<td></td>"节点
soup.find_all("td")                # 返回所有的"<td></td>"节点
```

2）通过标签属性定位

例如，设有 HTML 文档的代码如下：

```
<table>
<td name="fruit">apple</td>
<td name="fruit">apple</td>
</table>
```

则

```
soup.find(name="fruit")            # 返回第一个"<td></td>"节点
soup.find_all(name="fruit")        # 返回所有的"<td></td>"节点
```

3）通过标签名+属性定位

例如，设有 HTML 文档的代码同 2），则

```
soup.find("td",{"name":"fruit"})       # 返回第一个"<td></td>"节点
soup.find_all("td",{"name":"fruit"})   # 返回所有的"<td></td>"节点
```

4）通过 text 定位

例如，设有 HTML 文档的代码同 2），则

```
soup.find(text="apple")            # 返回第一个"<td></td>"节点
```

5. 应用示例

【例 9.3】 爬取某电影网站最新电影信息。

打开某电影网站 https://movie.douban.com/cinema/nowplaying/xiamen/，其页面如图 9.6 所示。

（1）获取网站页面的 HTML 代码。

```
url = "https://movie.douban.com/cinema/nowplaying/xiamen/"
headers = {
    "USER-Agent": UserAgent().chrome
}
req = request.Request(url, headers = headers)
resp = request.urlopen(req)
html_data=resp.read().decode()
print(html_data)
```

图 9.6 某电影网站

（2）创建解析器对象。

在浏览器中按 F12 键进入调试页面。在调试页面的代码中，当鼠标指针停留在某代码行时，左边网页页面需要选中的栏目板块被灰色覆盖，如图 9.7 所示。

图 9.7 在浏览器中按 F12 键进入调试页面

在调试页面的代码中，找到电影名称，如图 9.8 所示。

图 9.8　调试页面中电影名称等信息

从图 9.8 中可以看到，电影名称等信息放在<div id = "upcoming">区域块中，其中标签
<li id="27624665"class="list-item">显示具体信息内容。

因此，可以使用解析器对象对其标签属性进行定位：

```
soup = bs(html_data, "html.parser")          # 构建一个解析器
nowplay1 = soup.find_all("div", id="nowplaying")
nowplay2 = nowplay1[0].find_all("li", class_ = "list-item")
```

（3）通过循环，解析出所有电影名称信息。

```
for item in nowplay2:
    nowplay_dict['id'] = item['id']
    nowplay_dict['name'] = item['data-title']
    nowplay_list.append(nowplay_dict)
```

（4）完整程序如下。

```
from urllib import request
from fake_useragent import UserAgent
from bs4 import BeautifulSoup as bs       # 其中 bs 为 BeautifulSoup 的别名

url = "https://movie.douban.com/cinema/nowplaying/xiamen/"
headers = {
    "USER-Agent": UserAgent().chrome
}
req = request.Request(url, headers = headers)
resp = request.urlopen(req)
html_data=resp.read().decode()
```

伪装成浏览器，获取网站页面的 HTML 代码

```
soup = bs(html_data, "html.parser")    # 构建一个解析器

nowplay1 = soup.find_all("div", id="nowplaying")
nowplay2 = nowplay1[0].find_all("li", class_ = "list-item")
print(nowplay2)

nowplay_list=[]
for item in  nowplay2:
    nowplay_dict={}
    nowplay_dict['id'] = item['id']
    nowplay_dict['name'] = item['data-title']
    nowplay_list.append(nowplay_dict)

print(nowplay_list)
```

解析区域
`<div id="nowplaying">` 中的`<li>`列表

解析出所有电影名称信息

程序运行结果如图 9.9 所示。

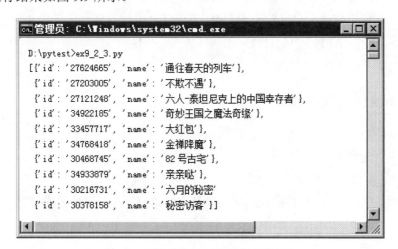

图 9.9 爬取某电影网站最新电影名称

9.1.5 解析网页的 xpath 库

xpath（全称为 XML Path Language）库是一个在 XML 及 HTML 文档中查找信息的函数库，其选择功能十分强大，在网络爬虫程序设计中可以用于字符串、数值、时间的匹配以及 HTML 文档节点定位等处理。

视频讲解

1. 下载和导入 xpath 库的数据解析 lxml 模块

（1） xpath 库的数据解析模块为 lxml，使用 pip 下载和安装 lxml 模块，其命令如下：

```
pip  install  lxml
```

（2）导入模块语句。

```
from lxml import etree
```

该语句为导入 lxml 模块库的 etree 模块。

2. xpath 选取节点的表达式

xpath 使用路径表达式来选取 XML 文档中的节点或节点集。xpath 的使用规则如表 9.4 所示。

表 9.4 xapth 的使用规则

规则表达式	说明
nodeName	选取此节点的所有子节点
/	从根节点开始选取
//	从当前节点选取子孙节点
.	选取当前节点
..	选取当前节点的父节点
@	选取属性
*	匹配任何元素节点
@*	匹配任何属性节点

3. 将 HTML 文本对象转换为 etree_html 解析器对象

使用 xpath 解析数据，首先要将 HTML 文本对象转换为解析器对象 etree_html，其表达式为：

```
etree_html = etree.HTML(html)
```

4. xpath 定位元素的方法

1）根据路径定位

```
//*[@id="datagrid-row-r1-2-0"]/td[1]/div/input
```

2）根据文本信息定位

可以使用 HTML 的标签对指定的文本信息内容进行定位，其语法格式为：

```
"标签名称[text()='文本信息']"
```

例如：

```
<a  href="JavaScript:; "> 作者 </a>
```

HTML 标签 a 的文本信息为"作者"，则可以

```
//a[text()="作者"]
```

也可以

```
//a[contains(text(),"作")] 或者 //a[contains(text(),"者")]
```

3）根据元素属性定位

可以根据 HTML 指定节点的元素属性进行定位。

单个元素的属性定位的语法格式为：

```
//标签名称[@属性="属性值"]
```

例如，在 HTM 文档中要定位节点<dvi class="book-img-text"> </div>，则

```
//div[@class=" book-img-text"]
```

5. xpath 定位的基本用法

xpath 定位到的是节点本身，要想获取到节点中的文本，需要使用/text()，其语法格式为：

```
xpath(//标签名称[@属性='属性值'] /节点路径/text()')
```

例如：

```
response.xpath('//div[@class="quote"]/节点路径/text()')
```

运行结果为获取到的所有节点值的列表。

6. xpath 应用示例

【例 9.4】 获取某房产网站的二手房信息。

设有某房产网站 https://bj.58.com/ershoufang/pn1/，其二手房的网页信息如图 9.10
所示。

图 9.10 某房产网站二手房信息

（1）导入 lxml 模块。

```
from lxml import etree
```

（2）获取网站的 HTML 代码。

```
page_text = requests.get(url=url, headers=headers).text
```

（3）创建 etree_html 对象。

```
tree = etree.HTML(page_text)
```

（4）解析页面数据。

在浏览器中，按 F12 键进入调试页面，找到关键节点，如图 9.11 所示。

```
Elements    Console    Sources    Network    »        ⚠3   ⋮   ›
▼<div class="list-info">
  ▼<h2 class="title">
      <a href="//short.58.com/zd_p/c3dc6eef-ed99-4357-
      a0f6-a7d5dce7e42d/?target=dc-16…
      urListName=bj&referinfo=FALSE&typecode=203&from=1-
      list-0&1-list-0&1-list-0" tongji_label="listclick"
      target="_blank" onclick=
      "clickLog('from=fcpc_ersflist_gzcount');">园博家园
      精装三居 交通便利 拎包入住 环境优美 </a>
    ▶<i class="icon-container">…</i>
    </h2>
  ▶<p class="baseinfo">…</p>
  ▶<p class="baseinfo">…</p>
  ▶<div class="jjrinfo">…</div>
  </div>
▼<div class="price">
  ▼<p class="sum">
      <b>680</b>
      "万"
    </p>
    <p class="unit">48659元/㎡</p>  ==  $0
  </div>
  <div class="time">6小时前</div>
```

图 9.11　找到关键节点

从图 9.11 中可以看到，二手房信息放在<div class = "list-info">区域块中，其中标签<div class="price">和<p class="sum">显示价格信息。

因此，可以使用解析器对象对其标签属性进行定位：

```
etree_html = etree.HTML(page_text)    # 构建一个解析器对象
    title = etree_html.xpath('./div[@class="list-info"]/h2/a/text()')[0]
    price = etree_html.xpath('./div[@class="price"]/p[@class="sum"]//text()')
```

完整程序如下：

```
import requests
from fake_useragent import UserAgent
from lxml import etree


url=f'https://bj.58.com/ershoufang/pn1/'
headers={
   "USER-Agent": UserAgent().chrome
}
page_html = requests.get(url=url, headers=headers).text


etree_html = etree.HTML(page_html)
li_list = etree_html.xpath('//ul[@class="house-list-wrap"]/li')
```

伪装浏览器请求，
爬取网站页面代码

解析<ul>列表
中的<li>项

```
fp = open('fangjia.txt','w',encoding='utf8')          ← 打开一个文本文件
for li in li_list:
    title = li.xpath('./div[@class="list-info"]/h2/a/text()')[0]
    price = li.xpath('./div[@class="price"]/p[@class="sum"]//text()')      元素定位
    price = "".join(price)
    fp.write('\n' + title + ":" + price)          ← 将爬取到的数据写到文本文件中
fp.close()
```

运行程序后，在当前目录下，生成一个名为 fangjia.txt 的文本文件，该文件保存了从网站上爬取到的二手房信息，如图 9.12 所示。

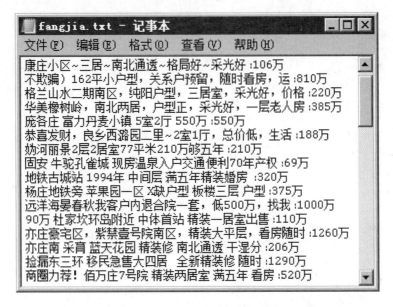

图 9.12　爬取到的数据保存到文件中

9.2　案　例　精　选

9.2.1　爬取某网站大学排名榜

视频讲解

【例 9.5】爬取某网站大学排名前 20 名学校。

主要步骤：

（1）获取网站页面，分析代码结构特征；

（2）处理页面，提取相关信息；

（3）解析数据，输出结果。

编写程序时，定义 3 个函数，对应以上 3 个步骤。

首先分析网站的代码结构特征。从网站的代码可以看到，所有有用数据均从标签<tbody>
开始，每一个排名数据都在<td></td>的标签中，如图 9.13 所示。

```
⊟  <tbody class="hidden_zhpm" style="text-align:center;">
⊟      <tr class="alt"><td>1</td>
            <td><div align="left">清华大学</div></td>
            <td>北京市</td>
            <td>95.9</td>
            <td><div align="left">北京大学</div></td>
            <td>北京市</td>
            <td>82.6</td>
            <td><div align="left">浙江大学</div></td>
            <td>浙江省</td>
            <td>80</td>
```

图9.13 某大学排名网站的代码结构

程序代码如下：

```python
import bs4
from urllib import request
from bs4 import BeautifulSoup

'''（1）获取网站页面'''
def getHTMLText(url):
    try:
        resp = request.urlopen(url)
        html_data = resp.read().decode('utf-8')
        return html_data
    except:
        return ""

'''（2）处理页面，提取相关信息'''
def fillUnivList(ulist, html):

    soup = BeautifulSoup(html, "html.parser")
    for tr in soup.find('tbody').children:  # 搜索'tbody'后面的子节点
        if isinstance(tr, bs4.element.Tag):
            tds = tr('td')
            ulist.append([tds[0].string, tds[1].string, tds[3].string])

'''（3）解析数据，格式化输出结果'''
def printUnivList(ulist, num):
    tplt = "{0:^10}\t{1:{3}^10}\t{2:^10}"
    print(tplt.format("排名", "学校名称", "总分", chr(12288)))
    for i in range(num):
        u = ulist[i]
        print(tplt.format(u[0], u[1], u[2], chr(12288)))

if __name__ == '__main__':
```

```
uinfo = []
url = ' http://www.zuihaodaxue.cn/zuihaodaxuepaiming2016.html '
html = getHTMLText(url)
fillUnivList(uinfo, html)
printUnivList(uinfo, 20)                    # 输出前 20 个大学排名
```

程序运行结果为：

```
排名              学校名称                 总分
1                清华大学                 95.9
2                北京大学                 82.6
......
```

9.2.2　爬取网络版小说——《红楼梦》

视频讲解

1. 爬取网络版小说《红楼梦》

爬取某网站的网络版小说《红楼梦》。打开《红楼梦》小说的目录页（http://www.136book.
com/hongloumeng/），如图 9.14 所示。

最新章节

第215章 甄士隐详	第214章 甄士隐详	第213章 中乡魁宝
第212章 中乡魁宝	第211章 记微嫌舅	第210章 记微嫌舅
第209章 阻超凡佳	第208章 阻超凡佳	第207章 得通灵幻
第206章 得通灵幻	第205章 惑偏私惜	第204章 惑偏私惜
第203章 王熙凤历	第202章 忏宿冤凤	第201章 忏宿冤凤
第200章 活冤孽妙		

第1章 甄士隐梦幻	第2章 甄士隐梦幻	第3章 贾夫人仙逝
第4章 贾夫人仙逝	第5章 托内兄如海	第6章 托内兄如海
第7章 薄命女偏逢	第8章 薄命女偏逢	第9章 游幻境指迷
第10章 游幻境指	第11章 贾宝玉初	第12章 贾宝玉初
第13章 送宫花贾	第14章 送宫花贾	第15章 比通灵金
第16章 比通灵金	第17章 恋风流情	第18章 金寮妇贪
第19章 庆寿辰宁	第20章 王熙凤毒	第21章 秦可卿死

图 9.14　《红楼梦》小说目录页

爬取目标：在《红楼梦》网站，找到每个目录对应的 URL，爬取其中的正文内容，然
后保存到本地文件中。

2. 网页结构分析

在 IE 浏览器中打开小说《红楼梦》的目录页，按 F12 键打开"调试程序"菜单。可以

看到网页前端的代码内容，如图 9.15 所示。

图 9.15　网页的代码

从图 9.15 中可以看到，每一章的链接地址都是有规则地存放在<li>标签中，而这些<li>标签又放在<div id="book_detail" class="box1">中。

3. 解析目录页

从目录页的代码结构可以看到，所有的章节目录都放在<div id="book_detail" class="box1">的节点标签中。

【例 9.6】　抓取标签<div id="book_detail" class="box1">节点中的章节目录内容。

程序代码如下：

```
from urllib import request
from bs4 import BeautifulSoup


if __name__ == '__main__':
    # 目录页
    url = 'http://www.136book.com/hongloumeng/'
    head = { 'user-agent': 'UserAgent().chrome' }
    req = request.Request(url, headers = head)
    response = request.urlopen(req)
    html = response.read()
    # 解析目录页
    soup = BeautifulSoup(html, 'lxml')
    # find_next()找到第二个<div>
    soup_texts = soup.find('div', id = 'book_detail',
class_ = 'box1').find_next('div')
    # 遍历 ol 的子节点，打印出章节标题和对应的链接地址
    for link in soup_texts.ol.children:
        if link != '\n':
```

```
print(link.text + ':  ', link.a.get('href'))
```

程序运行结果如图 9.16 所示：

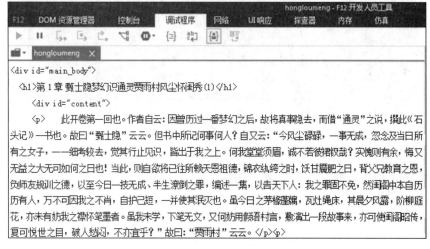

```
第1章 甄士隐梦幻识通灵贾雨村风尘怀闺秀(1):    http://www.136book.com/hongloumeng/qlxecbzt/
第2章 甄士隐梦幻识通灵贾雨村风尘怀闺秀(2):    http://www.136book.com/hongloumeng/qlxecbzgba/
第3章 贾夫人仙逝扬州城冷子兴演说荣国府(1):    http://www.136book.com/hongloumeng/qlxecbzj/
第4章 贾夫人仙逝扬州城冷子兴演说荣国府(2):    http://www.136book.com/hongloumeng/qlxecbzz/
第5章 托内兄如海荐西宾接外孙贾母惜孤女(1):    http://www.136book.com/hongloumeng/qlxecbzz/
第6章 托内兄如海荐西宾接外孙贾母惜孤女(2):    http://www.136book.com/hongloumeng/qlxecbzw/
第7章 薄命女偏逢薄命郎葫芦僧乱判葫芦案(1):    http://www.136book.com/hongloumeng/qlxecbzv/
第8章 薄命女偏逢薄命郎葫芦僧乱判葫芦案(2):    http://www.136book.com/hongloumeng/qlxecbza/
第9章 游幻境指迷十二钗饮仙醪曲演红楼梦(1):    http://www.136book.com/hongloumeng/qlxecbzb/
第10章 游幻境指迷十二钗饮仙醪曲演红楼梦(2):   http://www.136book.com/hongloumeng/qlxecbzc/
第11章 贾宝玉初试云雨情刘姥姥一进荣国府(1):   http://www.136book.com/hongloumeng/qlxecbzd/
第12章 贾宝玉初试云雨情刘姥姥一进荣国府(2):   http://www.136book.com/hongloumeng/qlxecbze/
第13章 送宫花贾琏戏熙凤宴宁府宝玉会秦钟(1):   http://www.136book.com/hongloumeng/qlxecbzf/
```

图 9.16 章节目录页

4. 单章节爬取

刚才已经分析过网页结构，可以直接在浏览器中打开对应章节的链接地址，然后将文本内容提取出来，如图 9.17 所示。

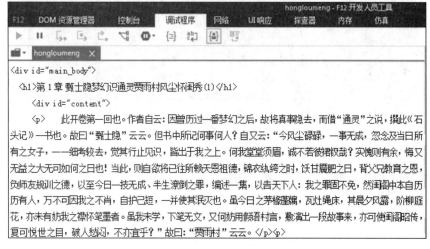

图 9.17 单章节的内容代码

从图 9.17 中可以看到，要爬取的内容全都包含在 <div id="content"> 里面。

【例 9.7】 抓取标签 <div id="content"> 中的单章节小说内容。

程序代码如下：

```python
from fake_useragent import UserAgent
from urllib import request
from bs4 import BeautifulSoup


if __name__ == '__main__':
    # 电子书第 1 章的网址
    url = 'http://www.136book.com/hongloumeng/qlxecbzt/'
    head = { 'user-agent': UserAgent().chrome}
    req = request.Request(url, headers = head)
```

```
response = request.urlopen(req)
html = response.read()
# 创建 request 对象
soup = BeautifulSoup(html, 'lxml')
# 找出 div 中的内容
soup_text = soup.find('div', id = 'content')
# 输出其中的文本
print(soup_text.text)
```

程序运行结果如图 9.18 所示。

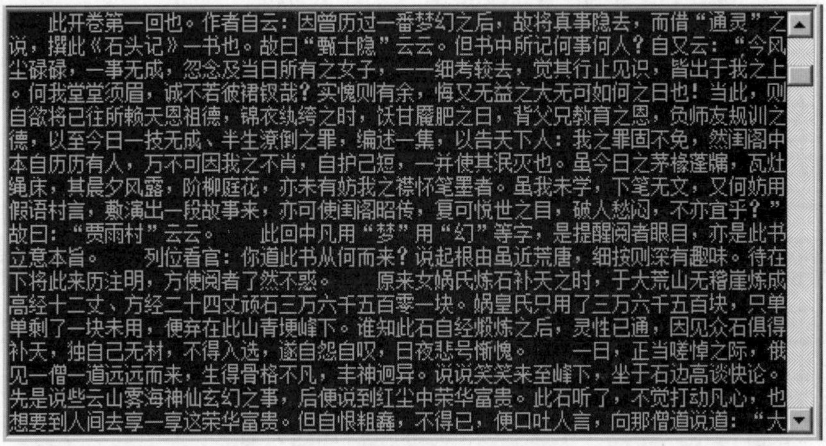

图 9.18　抓取到单章节的内容

5. 爬取全集内容

将每个解析出来的各章节链接循环代入 URL 中解析出来,并将其中的文本爬取出来,并且保存到本地 hongloumeng.txt 文件中。

【例 9.8】　解析《红楼梦》全集。

```
from urllib import request
from fake_useragent import UserAgent
from bs4 import BeautifulSoup

if __name__ == '__main__':
    url = 'http://www.136book.com/hongloumeng/'
    head = { 'user-agent': UserAgent().chrome }
    req = request.Request(url, headers = head)
    response = request.urlopen(req)
    html = response.read()
    soup = BeautifulSoup(html, 'lxml')
soup_texts = soup.find('div', id = 'book_detail',
class_ = 'box1').find_next('div')
    # 打开文件
    f = open('hongloumeng.txt','w')
```

```
    # 循环解析链接地址
    for link in soup_texts.ol.children:
        if link != '\n':
            download_url = link.a.get('href')
            download_req = request.Request(download_url, headers = head)
            download_response = request.urlopen(download_req)
            download_html = download_response.read()
            download_soup = BeautifulSoup(download_html, 'lxml')
            download_soup_texts = download_soup.find('div', id =
'content')
            # 抓取其中的文本
            download_soup_texts = download_soup_texts.text
            # 写入章节标题
            f.write(link.text + '\n\n')
            # 写入章节内容
            f.write(download_soup_texts)
            f.write('\n\n')
    f.close()
```

运行程序后，打开保存下载到本地的网络版小说文件 hongloumeng.txt，可以看到抓取并解析出来的《红楼梦》全集内容，如图 9.19 所示。

第1章 甄士隐梦幻识通灵贾雨村风尘怀闺秀(1)

　　此开卷第一回也。作者自云：因曾历过一番梦幻之后，故将真事隐去，而借“通灵”之说，撰此《石头记》一书也。故曰“甄士隐”云云。但书中所记何事何人？自又云：“今风尘碌碌，一事无成，忽念及当日所有之女子，一一细考较去，觉其行止见识，皆出于我之上。何我堂堂须眉，诚不若彼裙钗哉？实愧则有余，悔又无益之大无可如何之日也！当此，则自欲将已往所赖天恩祖德，锦衣纨绔之时，饫甘餍肥之日，背父兄教育之恩，负师友规训之德，以至今日一技无成、半生潦倒之罪，编述一集，以告天下人：我之罪固不免，然闺阁中本自历历有人，万不可因我之不肖，自护己短，一并使其泯灭也。虽今日之茅椽蓬牖，瓦灶绳床，其晨夕风露，阶柳庭花，亦未有妨我之襟怀笔墨者。虽我未学，下笔无文，又何妨用假语村言，敷演出一段故事来，亦可使闺阁昭传，复可悦世之目，破人愁闷，不亦宜乎？”故曰：“贾雨村”云云。　　此回中凡用“梦”用“幻”等字，是提醒阅者眼目，亦是此书立意本旨。　　列位看官：你道此书从何而来？说起根由虽近荒唐，细按则深有趣味。待在下将此来历注明，方使阅者了然不惑。　　原来女娲氏炼石补天之时，于大荒山无稽崖炼成高经十二丈、方经二十四丈顽石三万六千五百零一块。娲皇氏只用了三万六千五百块，只单单剩了一块未用，便弃在此山青埂峰下。谁知此石自经煅炼之后，灵性已通，因见众石俱得补天，独自己无材，不得入选，遂自怨自叹，日夜悲号惭愧。　　一日，正当嗟悼之际，俄见一僧一道远远而来，生得骨格不凡，丰神迥异。说说笑笑来至峰下，坐于石边高谈快论。先是说些云山雾海神仙玄幻之事，后便说到红尘中荣华富贵。此石听了，不觉打动凡心，也想要到人间去享一享这荣华富贵。但自恨粗蠢，不得已，便口吐人言，向那僧

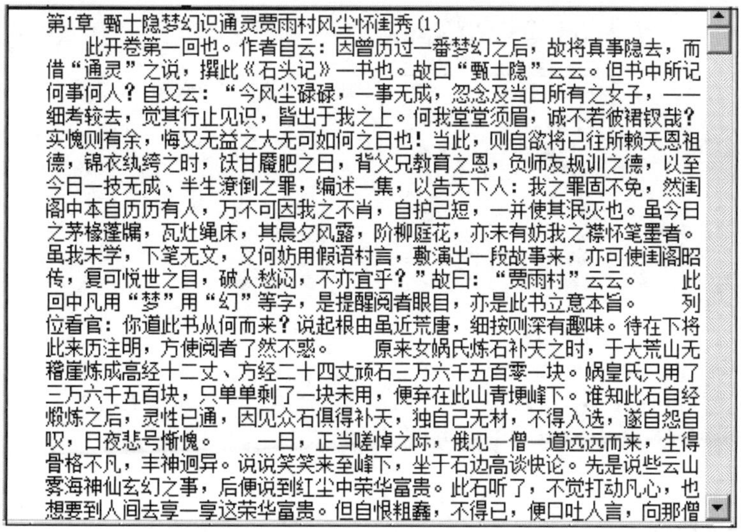

图 9.19　抓取并解析出来的《红楼梦》全集内容

9.2.3　爬取天气预报信息

视频讲解

1. 分析天气预报网页的结构

要进行一个网络爬虫程序设计，首先要分析网页的代码结构。打开要获取天气预报信息的网站（http://www.weather.com.cn/weather/101010100. shtml），进入北京地区天气的页面，如图 9.20 所示。

图9.20 天气预报数据显示页面

打开网页的代码查看器(在 IE 浏览器中按 F12 键),则可以看到当天页面的代码结构,如图 9.21 所示。

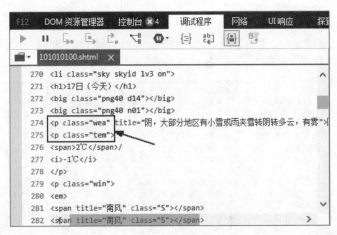

图9.21 天气预报网页的代码结构

从图 9.21 中可以看到,当天的天气预报信息存放在<p class="wea">标签中,当天的气温存放在<p class="tem">标签中,其中最高气温存放在<span>标签中,最低气温存放在<i>标签中。

2. 解析网页数据

根据天气预报页面的代码结构分析,找到<p class="wea">标签和<p class="tem">标签,就能获得当天的天气信息和气温信息。

【例 9.9】 抓取标签<p class="wea">和标签<p class="tem">节点中的天气信息和气温信息。

程序代码如下:

```
from urllib.request import urlopen
from bs4 import BeautifulSoup
import re, os
```

```
url ='http://www.weather.com.cn/weather/101010100.shtml'
resp = urlopen(url)          ◄——  urlopen()方法
soup=BeautifulSoup(resp,'html.parser')

# 解析当天气温数据信息
tagToday = soup.find('p', class_="tem")    第一个包含 class="tem"的 p 标签
                                           即为存放今天天气数据的标签

try:
temperatureHigh = tagToday.span.string     有时没有最高温度，则用
except AttributeError as e:                第二天的最高温度代替
temperatureHigh=\
tagToday.find_next('p',class_="tem").span.string    获取第二天的最高温度

temperatureLow=tagToday.i.string  # 解析当天最低温度
weather=soup.find('p',class_="wea").string# 解析当天天气信息

print('最低温度:' + temperatureLow)
print('最高温度:' + temperatureHigh)
print('天气:' + weather)
```

程序运行结果如下：

最低温度:-1℃
最高温度:2℃
天气:阴，大部分地区有小雪或雨夹雪转阴转多云，有雾

9.2.4　爬取购物网站商品信息

1. 分析购物网站商品信息网页的结构

1）购物网站商品信息网页页面

打开某购物平台，在站内搜索栏中输入"手机"，则可以看到列出了所有手机的商品信息，如图 9.22 所示。

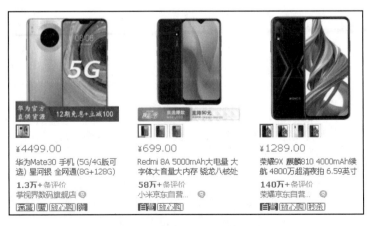

图 9.22　显示"手机"商品信息的页面

2）网页结构分析

按 F12 键，打开代码调试器，可以看到网页前端的代码内容，如图 9.23 所示。

```
▼<li class="gl-item" data-sku="100009082466" data-spu=
"100009082500" data-pid="100009082500">
  ▼<div class="gl-i-wrap">
    ▶<div class="p-img">…</div>
    ▶<div class="p-scroll">…</div>
    ▼<div class="p-price">
      ▼<strong class="J_100009082466" data-done="1">
          <em>¥</em>
          <i>749.00</i>
        </strong>
      </div>
    ▼<div class="p-name p-name-type-2">
      ▼<a target="_blank" title="【品质好物】5000mAh大电量,支持18W快
充,Type-C充电接口!【RedmiK30pro火热抢购中】" href="//
item.jd.com/100009082466.html" onclick=
"searchlog(1,100009082466,0,1,'','flagsClk=20976776')">
        ▼<em>
            "Redmi 8A 5000mAh大电量 大字体大音量大内存 骁龙八核处理器 AI人
脸解锁 莱茵护眼全面屏 4GB+64GB 耀夜黑 游戏智能老人"
          <font class="skcolor_ljg">手机</font>
```

图 9.23   网页的代码分析

从图 9.23 中可以看到，购物网站页面代码中每一种商品的名称、价格都是有规则地存放在<div class="p-name p-name-type-2">和<div class="p-price">的元素节点中。

2. 解析商品信息

通过分析商品页面的代码结构可以看到，每种商品的名称、价格都存放在<div class="p-name p-name-type-2">和<div class="p-price">的元素节点中，只要找到这些特征项，就可以把所有商品的名称和价格解析出来。

使用 lxml 模块的 xpath()方法，可以很方便地解析出商品信息。

商品名称为：

```
p_name = data.xpath('div/div[@class="p-name p-name-type-2"]/a/em')
```

商品价格为：

```
p_price = data.xpath('div/div[@class="p-price"]/strong/i/text()')
```

3. 把信息保存到 CSV 文件中

为了保存从网页上爬取下来的数据，将其保存到 CSV 文件中。

```
with open('phone.csv', 'a', newline='', encoding='utf-8')as f:
    write = csv.writer(f)
    write.writerow(['phone_model', 'price'])
```

4. 在窗体中显示爬取到商品信息

创建一个窗体，显示爬取到商品信息。

```
root = tk.Tk()
    root.title("手机信息")
```

【例 9.10】 编写程序，在购物网站爬取有关"手机"的商品信息。

（1）爬取数据，并将数据保存到数据库中。

编写爬取数据程序 ex9_10_data.py，其代码如下：

```python
from fake_useragent import UserAgent
import requests
from lxml import etree
import pandas
import csv, sqlite3


def crow(n):
url = 'https://search.jd.com/Search?
keyword=手机&enc=utf-8&pvid=974397e775b847418b78261619a06c8b'
    head = { 'user-agent': UserAgent().chrome }
    r = requests.get(url, headers=head)
    r.encoding = 'utf-8'

    html = etree.HTML(r.text)
    datas = html.xpath('//li[contains(@class,"gl-item")]')

    with open('phone.csv', 'a', newline='', encoding='utf-8')as f:
        write = csv.writer(f)
        for data in datas:
            p_name = data.xpath('div/div[@class="p-name p-name-type-2"]/a/em')
            p_price = data.xpath('div/div[@class="p-price"]/strong/i/text()')
            print(p_name[0].xpath('string(.)'), p_price[0])
            write.writerow([p_name[0].xpath('string(.)'), p_price[0]])
    f.close()


def do_spider():
    with open('phone.csv', 'a', newline='', encoding='utf-8')as f:
        write = csv.writer(f)
        write.writerow(['phone_model', 'price'])
    for i in range(1, 5):
        try:
            crow(i)
        except Exception as e:
            print(e)
```

```python
# print ("将结果写入数据库中")
conn= sqlite3.connect("jdmall.db")
df = pandas.read_csv('phone.csv')
df.to_sql('phone_db', conn, if_exists='append', index=False)
print('写入数据库成功')


if __name__ == '__main__':
    do_spider()
```

（2）在窗口中显示爬取到的手机信息。

编写显示数据程序 ex9_10_play.py，其代码如下：

```python
import tkinter as tk
import sqlite3 as lite
from tkinter import ttk
from tkinter import *
import ex9_10_data


# 获取输入框的内容
def printentry():
    return (var.get())


# 清空 tree
def delButton(tree):
    x = tree.get_children()
    for item in x:
        tree.delete(item)


# 读取数据库中的数据
def read_entry(tree, phone_name):
    list1=[]
    con = lite.connect('jdmall.db')
    cur = con.cursor()
    str = 'SELECT * FROM phone_db where phone_model like "%{ }%"'
    cursor=cur.execute(str.format(phone_name))
    for row in cursor:
        list1.append((row[0], row[1]))
    con.close()
    delButton(tree)

    for index,item in enumerate(list1):
        print (item[0], item[1])
        tree.insert("", index, values=(item[0],item[1],))
```

```
if __name__ == '__main__':
    root = tk.Tk()
    root.title("手机信息")
    root. geometry('555x500')          # 窗体大小
    # 调用"爬取网购商城"按钮
    Button(root, text="爬取网购商城", font=10,
        command=ex9_10_data.do_spider
        ).grid(column=1,row=2,sticky=E)
    Label().grid(row=2)
    Label().grid(row=3)
    L1 = Label(root, text="关键词筛选:", font=12)
    L1.grid(column=1, row=2, sticky=W)
    # 关键词输入框
    var = StringVar()
    text = Entry(root, textvariable=var, width=10, font=8)
    text.grid(column=1, row=3, sticky=W)
    # "读取手机数据"按钮
    Button(root, text="读取手机数据", font=10,
         command=lambda: read_entry(tree, printentry())
        ).grid(column=1,row=3,sticky=E)
    # 读取关键字，如果没有关键字则读取全部
    Label().grid(row=5)
    Label().grid(row=6)
    Label().grid(row=7)


    style = ttk.Style()
    style.configure("mystyle.Treeview",
        highlightthickness=0, bd=0,
        font=('Calibri', 10))
    style.configure("mystyle.Treeview.Heading", font=(10))
tree = ttk.Treeview(style="mystyle.Treeview",
                    show="headings",heigh=20)
vbar = ttk.Scrollbar(root, orient=VERTICAL,
 command=tree.yview)
    tree.configure(yscrollcommand=vbar.set)
    tree["columns"] = ("手机", "价格")
    tree.column("手机", width=440)
    tree.column("价格", width=50)
    tree.heading("手机", text="手机信息")
    tree.heading("价格", text="价格")
    tree.grid(row=5,column=1)
    root.mainloop()
```

用树控件 Treeview 实现列表的数据显示效果

程序运行结果如图 9.24 所示。

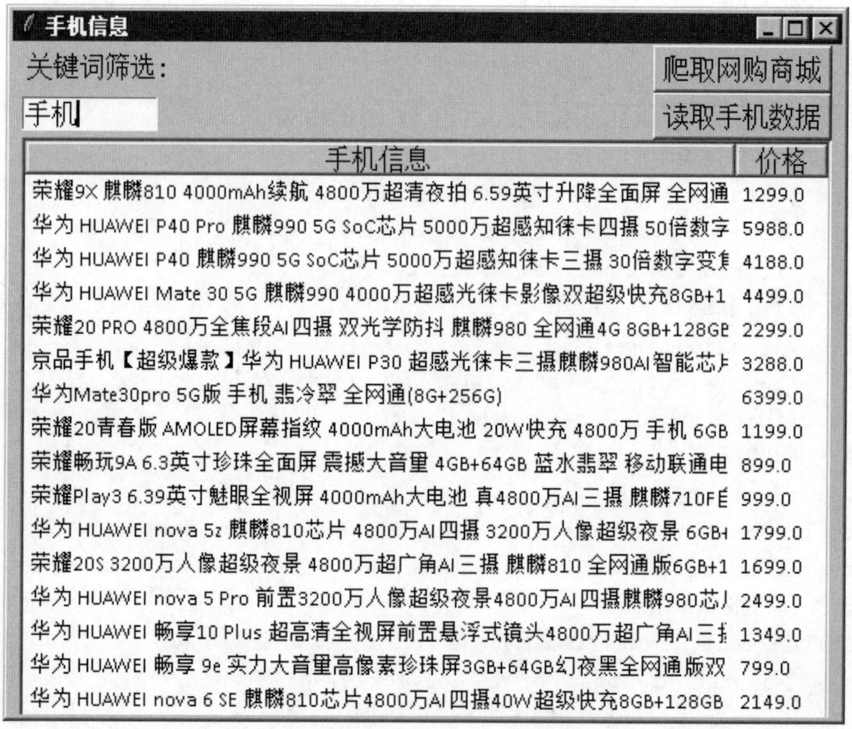

图 9.24　爬取到有关"手机"的商品信息

习　题　9

1. 爬取电子小说网站（例如 https://www.qidian.com）的电子小说信息。
2. 爬取音乐网站（例如 http://music.163.com）的音乐信息。
3. 参考例 9.9，爬取当地天气预报信息。
4. 参考例 9.10，爬取购物网站中 Python 图书的商品信息。

第 **10** 章

数据分析与数据可视化

用统计分析方法对收集来的大量数据进行分析，将它们加以汇总和处理，以求最大化地发挥数据的作用。下面详细介绍一些数据分析与数据可视化的基本知识。

10.1 NumPy 库入门

10.1.1 NumPy 库简介

NumPy（Numerical Python）是 Python 的一个科学计算库，支持多维数组与矩阵运算，并针对数组运算提供了各种函数，可以非常方便、灵活地操作数组。

1. NumPy 库的安装

在命令行窗口中使用 pip 安装 NumPy 库，其命令为：

```
pip install numpy
```

安装过程如图 10.1 所示。

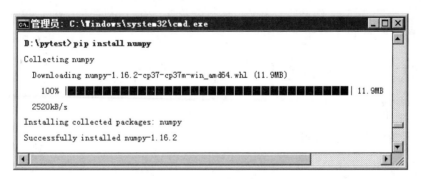

图 10.1 安装 NumPy 库的过程

2. 生成数组对象

可以使用 NumPy 库的 array( )函数来生成一个数组对象。NumPy 库会根据元素来推测合适的数组数据类型。对于二维数组，可以使用 reshape((m, n))函数指定数组元素按 m 行 n 列排列。

【例 10.1】 将列表数据转换为数组对象。

```
import numpy

list_a = [0, 1, 2, 3, 4]
list_b = ['a', 'b', 'c', 'd', 'e', 'f']
a = numpy.array(list_a)
b = numpy.array(list_b).reshape((3, 2))    # 按 3 行 2 列排列
c = np.arange(20,100).reshape(4,20)        # 生成 20～99 的数组，按 4 行 20 列排列
print('数组 a:\n', a)
print('数组 b:\n', b)
print('数组 c:\n', c)
```

输出结果为：

```
数组 a:
 [0  1  2  3  4]
数组 b:
 [['a'  'b']
  ['c'  'd']
  ['e'  'f']]
数组 c:
[[20 21 22 23 24 25 26 27 28 29 30 31 32 33 34 35 36 37 38 39]
 [40 41 42 43 44 45 46 47 48 49 50 51 52 53 54 55 56 57 58 59]
 [60 61 62 63 64 65 66 67 68 69 70 71 72 73 74 75 76 77 78 79]
 [80 81 82 83 84 85 86 87 88 89 90 91 92 93 94 95 96 97 98 99]]
```

数组 b 的元素按 3 行 2 列排列

4 行 20 列

10.1.2 NumPy 库的数据保存与读取

1. 把数据保存为 CSV 文件

CSV 是一种常见的文件格式，用来存储批量数据。NumPy 库使用 savetxt()函数把数据保存为 CSV 文件或 TXT 文本文件中。

```
np.savetxt(frame, array, fmt='%.18e', delimiter=None)
```

其中：

- frame：保存数据的文件；
- array：存入文件的数组数据；
- fmt：写入文件的数据格式，例如，%d（整数）、%.2f（实数）、%.18e（浮点数）；
- delimiter：分隔符，默认分隔符为空格。

【例 10.2】 把数据保存为 CSV 文件的示例。

```
import numpy as np        # 定义模块别名为 np

a = np.arange(100).reshape((5, 20))        # 生成 0～99 的数组，按 5 行 20 列排列
np.savetxt('a.csv', a, fmt='%d', delimiter=',')    # 保存为 a.csv 文件
```

运行程序后，生成一个元素为 0～99 的数组，数组元素按 5 行 20 列排列，并将数据保存到名为 a.csv 的文件中，如图 10.2 所示。

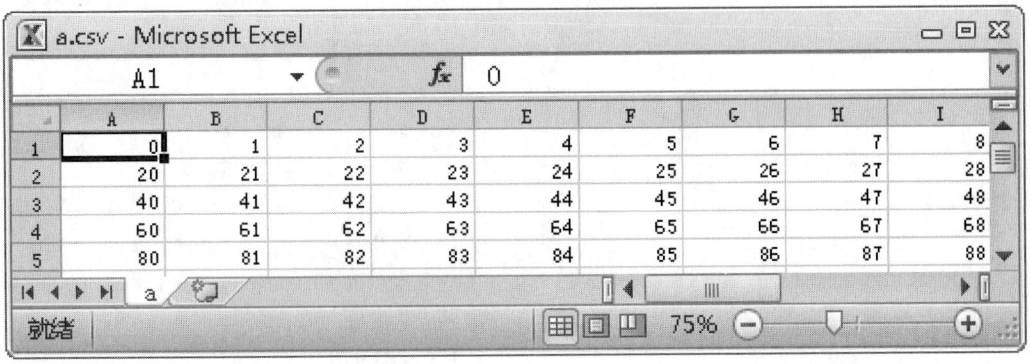

图 10.2 生成的 a.csv 文件

2. 从 CSV 文件中读取数据

NumPy 使用 loadtxt( )函数把数据从 CSV 文件或 TXT 文本文件中读取出来。

```
np.loadtxt(frame, dtype=np.float, delimiter=None, unpack=False)
```

其中为：

- frame：存放数据的文件。
- dtype：数据类型，默认为 float 类型。
- delimiter：分隔符，默认为空格。
- unpack：如果 true，则读入属性将分别写入不同变量。

【例 10.3】 从例 10.2 所创建的 a.csv 文件中读取数据。

```
import numpy as np

data = np.loadtxt('a.csv', dtype=np.int, delimiter=',')
print(data)
```

程序运行结果为：

```
[[ 0  1  2  3  4  5  6  7  8  9 10 11 12 13 14 15 16 17 18 19]
 [20 21 22 23 24 25 26 27 28 29 30 31 32 33 34 35 36 37 38 39]
 [40 41 42 43 44 45 46 47 48 49 50 51 52 53 54 55 56 57 58 59]
 [60 61 62 63 64 65 66 67 68 69 70 71 72 73 74 75 76 77 78 79]
 [80 81 82 83 84 85 86 87 88 89 90 91 92 93 94 95 96 97 98 99]]
```

10.1.3 NumPy 库的常用函数

NumPy 库定义了许多用于数据分析的函数，其常用属性及函数如表 10.1 所示，表中的 np 是 NumPy 库的别名。

表 10.1 NumPy 库的常用属性及函数

属性或函数		说明
属性	.ndim	定义数组的维度
	.shape	定义矩阵的行数、列数，如（m,n)
	.size	元素的个数，如 10
	.dtype	元素的类型，如 dtype('int32 ')
	.itemsize	每个元素的大小，每个元素占 4 字节
创建数组	np.array (list)	创建元素由列表生成的 ndarray 类型数组
	np.arange(n)	生成元素从 0~n-1 的 ndarray 类型数组
	np.ones(shape)	生成元素全为 1 的 ndarray 类型数组
数组运算	np.abs(a)	取各元素的绝对值
	np.sqrt(a)	计算各元素的平方根
	np.square(a)	计算各元素的平方
	np.exp(a)	计算各元素的指数值
	np.sign(a)	计算各元素的符号值 1（+）、0、-1（-）
	np.max(a)	计算元素的最大值
	np.min(a)	计算元素的最小值
	np.sum(a)	计算数组 a 所有元素之和
	np.mean(a)	计算数组 a 元素的平均值
	np.ptp(a)	计算数组 a 元素的最大值和最小值之差
	np.eye(n)	生成单位矩阵
	np.mat(str)	由字符序列 str 生成矩阵

【例 10.4】 数组运算示例。

```python
import numpy as np

list_a = [9, 8, 7, 1 ,3]
a = np.array(list_a)
print(a)
max = np.max(a)                    # 计算最大值
print("数组 a 的最大值: ", max)
min = np.min(a)                    # 计算最小值
print("数组 a 的最小值: ", min)
s = np.sum(a)                      # 计算所有元素之和
print("数组 a 所有元素之和: ", s)
m = np.mean(a)                     # 计算平均值
print("数组 a 的平均值: ", m)
st = np.ptp(a)                     # 计算最大值和最小值之差
print("最大值和最小值之差: ", st)
```

程序运行结果为：

```
[9 8 7 1 3]
数组 a 的最大值： 9
数组 a 的最小值： 1
数组 a 所有元素之和： 28
数组 a 的平均值： 5.6
最大值和最小值之差： 8
```

【例 10.5】 创建矩阵示例。

```
import numpy as np

d1 = np.array([[1,2,3],[4,5,6]])
d1.shape =(3,2)
print("矩阵 d1: \n", d1)
d2 = np.eye(3)                          # 生成单位矩阵
print("矩阵 d2: \n", d2)
d3 = np.mat("0 1 2; 1 5 3; 4 3 8")      # 字符序列生成矩阵
print("矩阵 d3: \n", d3)
d4 = d2 + d3                            # 矩阵加法运算
print("矩阵 d4: \n", d4)
d5 = d3 * d4                            # 矩阵乘法运算
print("矩阵 d5: \n", d5)
```

【程序说明】

应用 mat() 函数中的字符序列生成矩阵时，矩阵的行与行之间用分号隔开，行内的元素之间用空格隔开。

程序运行结果为：

```
矩阵 d1:
 [[1  2]
  [3  4]
  [5  6]]
矩阵 d2:
  [[1.  0.  0.]
   [0.  1.  0.]
   [0.  0.  1.]]
矩阵 d3:
 [[ 0  1  2]
  [ 1  5  3]
  [ 4  3  8]]
矩阵 d4:
 [[1.  1.  2.]
  [1.  6.  3.]
  [4.  3.  9.]]
```

矩阵相加：d2 + d3

```
矩阵 d5:
[[ 9. 12. 21.]
 [18. 40. 44.]      矩阵相乘: d3 * d4
 [39. 46. 89.]]
```

视频讲解

10.2　Matplotlib 数据可视化

数据可视化是分析数据的重要环节,借助图形能够更加直观地表达数据背后的思想。下面详细介绍 Matplotlib 绘制数据图表的方法。

10.2.1　Matplotlib 及其 pyplot 子模块

Matplotlib 是 Python 的一个用于绘制二维图形的函数库。通过 Matplotlib,仅需要编写几行代码,便可以绘制出直方图、条形图、散点图等数据图表。

1. 安装 Matplotlib 模块

使用前需要先用 pip 安装 Matplotlib 模块,其安装命令如下:

```
pip install matplotlib
```

2. 导入 matplotlib.pyplot 子模块

Matplotlib 库中的 matplotlib.pyplot 模块是绘制可视化图形的子库,应用该模块绘制图形非常简便、快捷。

在应用 matplotlib.pyplot 子模块时,通常先定义该子模块的别名 plt,再通过别名 plt 调用其相关方法。

```
import matplotlib.pyplot as plt
```

3. 显示绘制的数据图表 show( )

当数据图表绘制完成后,需要调用 show( )方法显示所绘制的图表。

4. 标题及汉字的显示

显示数据图表标题的几个常用方法如表 10.2 所示。

表 10.2　显示数据图表标题的常用方法

方法	说明
title('标题名称', fontsize=字号)	设置图表标题
xlabel('标题名称', fontsize=字号)	设置 x 轴的标题
ylabel('标题名称', fontsize=字号)	设置 y 轴的标题

其中,字号可以省略,默认字号为 12。

Matplotlib 模块默认不支持汉字的显示。对于数据图表中标题的汉字,可以使用matplotlib.pyplot 子模块的 rcParams["font.sans-serif"]属性来设置。

例如:

```
plt.rcParams["font.sans-serif"]=['fangsong']      # 设置显示汉字,指定仿宋字体
```

【**例 10.6**】 编写程序，显示数据图表的标题和坐标轴。

```
import matplotlib.pyplot as plt

plt.rcParams["font.sans-serif"]=['SimHei']          # 设置显示汉字，指定黑体字

plt.title('图表的坐标轴')                              # 图表标题
plt.show()                                          # 显示图表
```

程序运行结果如图 10.3 所示。

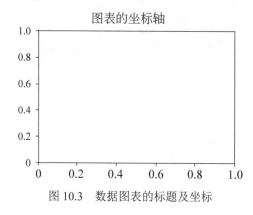

图 10.3　数据图表的标题及坐标

10.2.2　绘制基本数据图表的方法

应用 matplotlib.pyplot 子模块可以绘制很多数据图表，其绘制的基本图表方法如表 10.3 所示。

表 10.3　绘制基本图表的方法

图表方法	说明
plt.plot()	折线图
plt.bar()	柱状图
plt.barh()	条形图
plt.hist()	直方图
plt.pie()	饼图
plt.scatter()	散点图
plt. stackplot()	堆叠图

1. 绘制折线

绘制折线的方法为：

```
plot(数据列表)
```

使用 plot()时，列表的数据会被视为 y 轴的值，x 轴的值会仿照列表元素的索引位置自动生成。

【例10.7】 绘制折线示例。

```
import matplotlib.pyplot as plt

plt.rcParams["font.sans-serif"]=['SimHei']      # 设置显示汉字，指定黑体字
plt.title('折线')                                # 图表标题
y = [35, 10, 30, 40, 25]   # 定义折线的数据列表
plt.plot(y, color='blue', linewidth=2)          linewidth 为指定线条宽度
plt.show()                 # 显示图表
```

程序运行结果如图10.4所示。

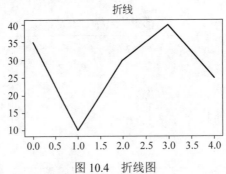

图10.4 折线图

【例10.8】 指定坐标数据显示的折线。

```
import matplotlib.pyplot as plt

plt.rcParams["font.sans-serif"]=['SimHei']      # 设置显示汉字,指定字体
plt.title('公司产量（万吨）', fontsize=24)
x = ['2017', '2018', '2019', '2020']            # x轴数据
y = [10, 20, 25, 30]                            # y轴数据
plt.plot(x, y, color='lightblue', linewidth=2)
plt.xlabel('年度', fontsize=14)                  # x轴标题
plt.ylabel('产量', fontsize=14)                  # y轴标题
plt.show()                                      # 显示图表
```

程序运行结果如图10.5所示。

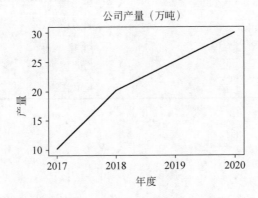

图10.5 指定坐标数据显示的折线图

2. 绘制柱状图

绘制柱状图的方法为：

```
plt.bar(x, 高度, 宽度)
```

【例 10.9】 绘制柱状图示例。

```
import matplotlib.pyplot as plt

plt.rcParams["font.sans-serif"]=['fangSong']
# 构建数据
x_data = ['2013', '2014', '2015', '2016', '2017', '2018', '2019']
y_data = [58000, 60200, 63000, 71000, 84000, 90500, 107000]
# 绘图
plt.bar(x=x_data, height=y_data, label='火星销售团队', color='steelblue')
plt.title("销售业绩")              # 设置标题
plt.xlabel("年份")                 # 为坐标轴设置名称
plt.ylabel("销量")
plt.legend()                       # 显示图例
plt.show()
```

程序运行结果如图 10.6 所示。

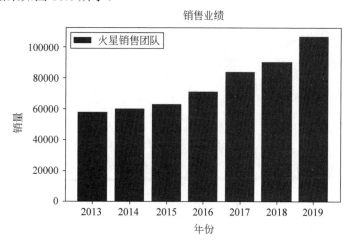

图 10.6 销售业绩柱状图

10.3 Pandas 分析处理库

Pandas 是 Python 用于提供高性能、简单易用的数据分析处理工具库。Pandas 常与 Numpy 和 Matplotlib 相互配合使用。

视频讲解

10.3.1 Pandas 库入门

1. Pandas 库的安装和导入

可以使用 pip 来安装 Pandas 库，其命令为：

```
pip install pandas
```

使用 Pandas 库时，通常给它命名一个别名：

```
import pandas as pd
```

2. Pandas 库的核心数据结构

Pandas 有两个核心的数据结构，它们是 Series 和 DataFrame。

1）Series

Series 是一维结构的数据，可以直接通过数组来创建该数据。

【例 10.10】 创建 Series 数组示例。

```
import pandas as pd

series1 = pd.Series([1, 2, 3, 4])
print("series1:\n{}\n".format(series1))
```

程序运行结果如下：

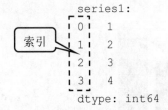

```
series1:
0    1
1    2
2    3
3    4
dtype: int64
```

索引

【程序说明】

程序输出的结果中，第 1 列是数据的索引（称为 index），第 2 列是输出的数据。
如果要分别输出 Series 数组的索引和数据，则可改用下列输出语句：

```
print("series1.values:\n{}\n".format(series1.values))
print("series1.index:\n{}\n".format(series1.index))
```

其输出结果为：

```
series1:
[1 2 3 4]
series1:
RangeIndex(start=0, stop=4, step=1)
```

2）DataFrame 数组

DataFrame 是二维的数组结构。

【例 10.11】 创建 DataFrame 数组示例。

```
import pandas as pd

data = {'性别':['男', '女', '女', '男', '男'],
        '姓名':['小明', '小红', '小芳', '大黑', '张三'],
        '年龄':[20, 21, 25, 24, 29]}
df = pd.DataFrame(data, index=[ 1, 2, 3, 4, 5],
            columns=['姓名', '性别', '年龄', '职业'])
print(df)
```

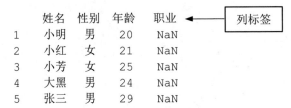

字典数据

索引

列标签

程序运行结果如下：

```
    姓名   性别   年龄   职业      列标签
1   小明   男    20    NaN
2   小红   女    21    NaN
3   小芳   女    25    NaN
4   大黑   男    24    NaN
5   张三   男    29    NaN
```

10.3.2 Pandas 数据的特征分析

1. 数据的排序

Pandas 库的 sort_index()函数可以根据索引对数据进行排序，默认按升序排序，其一般形式为：

```
sort_index(axis=0, ascending=True)
```

【例 10.12】 按索引排序示例。

```
import pandas as pd
import numpy as np

df = pd.DataFrame(np.arange(20).reshape(4, 5),        元素为 0～19 的 4 行 5 列数组
            index=['c', 'b', 'a', 'd'],
            columns=['n1', 'n2', 'n3', 'n4', 'n5'])
print('数组：\n', df)
print('\n')
print('按索引排序：\n', df.sort_index())        # 根据索引进行排序，默认升序
```

程序运行结果如下：

```
数组：
      n1  n2  n3  n4  n5
  c   0   1   2   3   4
  b   5   6   7   8   9
  a   10  11  12  13  14
  d   15  16  17  18  19
```

索引

按索引排序：

```
     n1  n2  n3  n4  n5
a    10  11  12  13  14
b     5   6   7   8   9
c     0   1   2   3   4
d    15  16  17  18  19
```

2. 查找数据

可以通过数组的行列位置或标签、行号（索引值）确定数据所在位置，查找到该数据。

例如，设有一个 DataFrame 数据 df：

```
     a   b   c
d    0   1   2
e    3   4   5         ◄──── 元素位于 2 行 3 列, iat[1,2]
f    6   7   8
g    9  10  11
```

1）按行列位置查找：df.iat[m, n]

查找第 2 行第 3 列位置的数据的代码如下：

```
s1 = df.iat[1, 2]
print(s1)
```

其输出结果为：

```
5
```

2）按索引和标签查找：df.at['索引', '标签']

查找索引为 f、标签为 b 的数据的代码如下：

```
s2 = df.iat['f', 'b']
print(s2)
```

其输出结果为：

```
7
```

【例 10.13】 按数据位置查找数据示例。

```
import pandas as pd
import numpy as np

df = pd.DataFrame(np.arange(12).reshape(4, 3),
            index=['d', 'e', 'f', 'g'],
            columns=['a', 'b', 'c'])
print('数组：\n', df)
s1=df.iat[1,2]
```

```
print('第 2 行第 3 列位置的数据:', s1)
s2=df.at['f', 'b']
print("['f', 'b']的数据:", s2)
```

程序运行结果前面已有说明,这里不再重复叙述。

10.4　案　例　精　选

10.4.1　大数据处理

视频讲解

大数据是一个体量特别大的数据集,一个大数据文件可能会有上亿条、几十亿条数据。下面以某网站服务器系统的日志文件为例,说明 Python 对大数据文件的处理方法。

该网站每天有大约 10 万的访问量,每位访问者平均打开 10 个页面,每个页面产生 10 个请求,那么一天将产生 1000 万条访问日志记录数据,一个月就有 30000 万条数据。按每条日志数据 50 个字符计,则每个月的日志文件大小为 20GB。

该服务器的日志文件 access.log 是一个文本格式的文件,对于这么大的文本文件,想打开都很困难,更别说对其进行数据分析了。

日志文件 access.log 每条数据占据一行,每条数据均记录有所做的操作和操作的时间信息。由于数据量巨大,仅截取了几分钟的数据,如图 10.7 所示。

```
access.log - 记事本

文件(F) 编辑(E) 格式(O) 查看(V) 帮助(H)

[23f8:0003][2020-01-04T23:54:21] Created engine factory for shared product inst
[23f8:0003][2020-01-04T23:54:21] Created restart manager factory for shared pro
[23f8:0003][2020-01-04T23:54:21] Created shared product installer factory
[23f8:0003][2020-01-04T23:54:21] Created shared product installer cache
[23f8:0003][2020-01-04T23:54:21] Created shared policy updater
[23f8:0003][2020-01-04T23:54:21] Created shared task scheduler
[23f8:0003][2020-01-04T23:54:21] Completed initializing shared service fields
[23f8:0004][2020-01-04T23:54:21] Shared service fields have already been initial
[23f8:0003][2020-01-04T23:54:21] Created shortcut: C:\ProgramData\Microsoft\Wind
[23f8:0014][2020-01-04T23:54:28] Shared service fields have already been initial
[23f8:0014][2020-01-04T23:54:28] Telemetry property VS.SetupEngine.ChannelUpdate
[23f8:0014][2020-01-04T23:54:28] Download requested: https://aka.ms/vs/16/releas
[23f8:001a][2020-01-04T23:54:28] Attempting download 'https://aka.ms/vs/16/relea
[23f8:0009][2020-01-04T23:54:33] Telemetry property vs.setup.service.WorkloadOve
[23f8:0009][2020-01-04T23:54:33] Telemetry property vs.setup.service.WorkloadOve
[23f8:001a][2020-01-04T23:54:35] Uri 'https://aka.ms/vs/16/release/channel' redi
[23f8:001a][2020-01-04T23:54:36] ManifestVerifier Result: Success
[23f8:001a][2020-01-04T23:54:36] Download of 'https://aka.ms/vs/16/release/chann
[23f8:0015][2020-01-04T23:54:36] Downloading installable manifest from "https://
[23f8:0015][2020-01-04T23:54:36] Download requested: https://download.visualstud
[23f8:001b][2020-01-04T23:54:36] Attempting download 'https://download.visualstu
```

图 10.7　某网站服务器日志文件

1. 大数据处理方式

本案例按以下流程对大数据日志文件进行处理。

(1)首先对大的日志文件进行分割。根据处理计算机的配置,设置一个分割大小的标准,将一个很大的日志文件分割为 n 份。

（2）将分割出来的较小的日志文件提交给处理函数进行分析处理，该分析处理函数分布在多台计算机中。根据工作量，一个分析处理函数可以处理多个较小的日志文件。

（3）将在各计算机上运行的处理函数的处理结果提交给汇总函数进行汇总处理，得到最终的处理结果。

处理过程如图 10.8 所示。

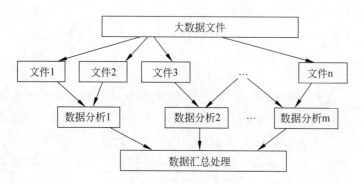

图 10.8　大数据处理过程

2. 文件分割函数 fileSplit( )

【**例 10.14**】 编写函数 fileSplit( )，该函数能把一个数据量很大的文本文件分割成多个小文本文件。

```python
# 文件分割
import os, os.path
import time

def fileSplit(sourceFile, targetDir):
    sFile = open(sourceFile, 'r')
    number = 10000                     # 每个小文件保存 1 万条数据
    dataLine = sFile.readline()
    tempData = []                      # 声明缓存列表
    fileNum = 1
    if not os.path.isdir(targetDir):
        os.mkdir(targetDir)            # 如果目录不存在，则新建
    while dataLine:
        tFileName = os.path.join(targetDir, \
sourceFile[0:-4] + str(fileNum) + '.txt')
        print(tFileName + '创建于: ' + str(time.ctime()))
        for row in range(number):
            tempData = sFile.readline()
            if not tempData:
                break
            tFile = open(tFileName, 'a+')      # 创建小文件
            tFile.writelines(tempData)         # 将缓存列表数据保存到文件中
            tFile.close()
            tempData = []                      # 清空缓存列表
```

```
        else:
            fileNum += 1
            continue
        break
    sFile.close()

if __name__ == "__main__":
    fileSplit("access.log", "access")
```

设有一个日志文件 access.log，该文件中有 8 万多条数据，现按每个文件 1 万条数据进行分割，得到 8 个小文件，如图 10.9 所示。

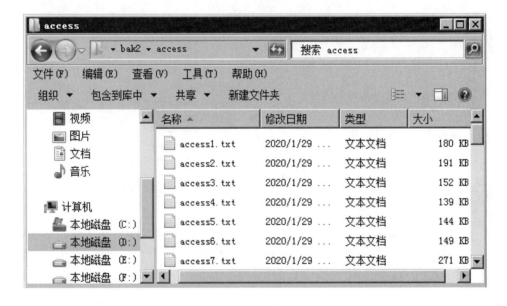

图 10.9　分割后得到的小文件

3. 分析处理小文件函数 Map()

在本案例中，定义一个分析处理小文件的 Map()函数，该函数打开每个小文件，按行统计对服务器进行操作的记录次数。

【例 10.15】　编写函数 Map()，该函数可以采用多线程，模拟分布多台计算机处理数据。

```
import os, re
import threading
import time
def Map(sourceFile):
  if not os.path.exists(sourceFile):
    print(sourceFile, ' does not exist.')
    return
  pattern = re.compile(r'[0-9]{1,4}-[0-9]{1,2}-[0-9]{1,2}')
  # pattern = re.compile(r'[0-9]{1,2}/[0-9]{1,2}/[0-9]{4}')
  result = {}
```

```
    with open(sourceFile, 'r') as srcFile:
      for dataLine in srcFile:
       r = pattern.findall(dataLine)
       if r:
         t = result.get(r[0], 0)
         t += 1
         result[r[0]] = t
    desFile = sourceFile[0:-4] + '_map.txt'
    with open(desFile, 'a+') as fp:
      for k, v in result.items():
       fp.write(k + ':' + str(v) + '\n')

if __name__ == '__main__':
  desFolder = 'access'
  files = os.listdir(desFolder)

  # 如果不使用多线程,则可以直接这样写
  for f in files:
Map(desFolder + '\\' + f)


  '''
  # 使用多线程
  def Main(i):
    Map(desFolder + '\\' + files[i])
  fileNumber = len(files)
  for i in range(fileNumber):
    t = threading.Thread(target = Main, args =(i,))
    t.start()
  '''
```

注释：逐个打开文件 · 按行统计次数 · 文件名 = 原文件名 + map.txt · 新文件中写入统计数 · 不使用多线程 · 若使用多线程

程序运行后，在 access 目录下，生成各个小文件的处理结果文件，其文件名均以_map 为后缀。以 access7_map.txt 为例，其文件记录了 access7.txt 中 2020-01-05 对服务器操作的统计结果，如图 10.10 所示。

图 10.10　处理结果 access7_map.txt 的内容

4. 汇集处理

1）listdir()函数

Python 的 listdir()函数可以列出指定文件夹下的所有文件及文件夹，其使用格式为：

```
os.listdir(path)
```

【例 10.16】　列出文件夹 access 目录下的所有文件名中带有'_map.txt'的文件。

```
import os, sys
```

```
path = "access\\"
dirs = os.listdir( path )
for file in dirs:
    if file.endswith('_map.txt'):
        print(file)
```

程序运行结果如下：

```
access1_map.txt
access2_map.txt
access3_map.txt
access4_map.txt
access5_map.txt
access6_map.txt
access7_map.txt
```

2）汇集函数 Reduce()

【例 10.17】　编写汇集函数 Reduce()，该函数把分割后各小文件的处理结果进行汇总处理。

```
import os
def Reduce(sourceFolder, targetFile):
    if not os.path.isdir(sourceFolder):
        print(sourceFolder, ' does not exist.')
        return
result = {}          # 定义存放统计结果的字典
listFiles = []       # 定义文件列表
for f in os.listdir(sourceFolder):
    if f.endswith('_map.txt'):                          将所有'_map.txt'
      listFiles.append(sourceFolder + '\\' + f)         文件存放到列表中
    for f in listFiles:
      with open(f, 'r') as fp:
        for line in fp:
            line = line.strip()
            if not line:
                continue
            position = line.index(':')                  统计文件中的记录数
            key = line[0:position]
            value = int(linc[position + 1:])
            result[key] = result.get(key,0) + value
    with open(targetFile, 'w') as fp:
      for k,v in result.items():
          fp.write(k + ':' + str(v) + '\n')              统计结果写到 result.txt 中

if __name__ == '__main__':
Reduce('access', 'access\\result.txt')
```

程序运行后，汇总各个_map.txt 中的结果，并存放到 result.txt 中，如图 10.11 所示。

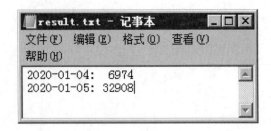

图 10.11 汇总各个小文件的处理结果

视频讲解

10.4.2 股票分析案例

以先进的数学模型替代人为的主观判断，利用计算机技术从庞大的历史数据中海选能带来超额收益的多种"大概率"事件以制订策略，极大地减少了投资者情绪波动的影响，避免在市场极度狂热或悲观的情况下做出非理性的投资决策。

本案例以一个代码为 601318 的股票为例，通过算法分析股票历史数据，帮助投资人发现股票的走势规律，从而做出正确的投资决策。

1. Python 财经数据接口模块包 tushare

在本案例中，要使用数据分析工具 NumPy 库、Matplotlib 库、Pandas 库，还要用到 tushare 模块包。tushare 是一个免费、开源的 Python 财经数据接口包，可以用 pip 安装这个模块包：

```
pip install tushare
```

设 tushare 模块包的别名为 ts，则获取某股票股价信息的函数为：

```
ts.get_k_data(股票代码)
```

2. 导入股票数据

股票数据通常包含开盘价、最高价、最低价、收盘价、成交量、市值等指标，常用的股票指标如表 10.4 所示。

表 10.4 常用的股票指标

股票指标名称	指标含义
开盘价（open）	每个交易日开市后的第一笔每股买卖成交价格
最高价（high）	好的卖出价格
最低价（low）	好的买进价格，可根据价格极差判断股价的波动程度和是否超出常态范围
收盘价（close）	最后一笔交易前一分钟所有交易的成交量加权平均价，无论当天股价如何振荡，最终将定格在收盘价上
成交量（volume）	指一个时间单位内对某项交易成交的数量，可根据成交量的增加幅度或减小幅度来判断股票趋势，预测市场供求关系和活跃程度
市值（market value）	市场价格总值，可以市值的增加幅度或减小幅度来衡量该只股票发行公司的经营状况

【例10.18】 将股票代码为601318的历年股票数据导入601318.csv文件中。

```python
import numpy as np
import matplotlib as plt
import pandas as pd
import tushare as ts   # tushare 是一个开源的财经数据接口包

# 获取股票号为 601318 的股票信息
df=ts.get_k_data("601318")

# 将数据保存到本地,方便处理
df.to_csv("601318.csv",index=False)

# 获取数据内的有用列,并将 date 列作为 index
df = pd.read_csv("601318.csv",index_col="date") \
[["open","close","high","low","volume"]]
```

运行程序后,在当前文件夹生成601318.csv文件,该文件保存了代码为601318的股票从2017年到2020年的主要股票数据,如图10.12所示。

	A	B	C	D	E	F	G
1	date	open	close	high	low	volume	code
630	2020/3/3	80.48	79.49	80.57	79.26	678238	601318
631	2020/3/4	79.9	80.58	80.75	79.9	677574	601318
632	2020/3/5	81.01	82.45	82.76	80.62	960642	601318
633	2020/3/6	81.57	80.91	81.92	80.8	584186	601318
634	2020/3/9	78.91	78.14	79	78.02	1055082	601318
635	2020/3/10	78.14	79.18	79.78	77.83	717006	601318
636	2020/3/11	79.18	78.15	79.25	78.15	591404	601318
637	2020/3/12	77.25	76.65	77.48	76.53	901291	601318
638	2020/3/13	72.14	74.71	75.98	72.1	1166157	601318
639	2020/3/16	74.5	72	74.52	71.8	979173	601318
640	2020/3/17	71.65	72.14	73	70.89	950923	601318

图10.12 保存在 CSV 文件中的股票数据

3. 分析股票策略

下面介绍使用双均线金叉点和死叉点来分析股票变化趋势。

1)计算5日均线和30日均线

5日均线为5日收盘价的平均值,30日均线为30日收盘价的平均值。

```python
df["ma5"] = np.nan                 # nan 表示 Not A Number（无法表示的数）
df["ma30"] = np.nan

df["ma5"] = df["close"].rolling(5).mean()     # 计算 5 日收盘价的平均值
df["ma30"] = df["close"].rolling(30).mean()   # 计算 30 日收盘价的平均值
```

股票每日收盘价连线及5日均线、30日均线如图10.13所示。

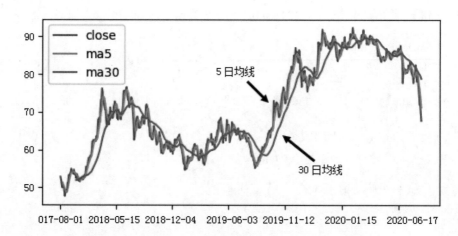

图 10.13　股票每日收盘价连线及 5 日均线、30 日均线

2）计算黄金交叉点和死亡交叉点

在股票分析中，有黄金交叉点和死亡交叉点的概念。

当短期移动平均线从下向上穿过长期移动平均线时，其交叉点就是黄金交叉点，出现黄金交叉点表明后市股票价格还有一段上涨空间，是买入股票的好时机。

当下跌的短期移动平均线由上而下穿过下降的长期移动平均线时，其交叉点就是死亡交叉点，这时支撑线被向下突破，表示股价将继续下落，行情有继续下跌的趋势。

```python
if df['ma5'][i] >= df['ma30'][i] and df['ma5'][i-1] < df['ma30'][i-1]:
    golden_cross.append(df.index[i])         # 黄金交叉点
  if df['ma5'][i] < df['ma30'][i] and df['ma5'][i-1] >= df['ma30'][i-1]:
    death_cross.append(df.index[i])          # 死亡交叉点
```

黄金交叉点和死亡交叉点如图 10.14 所示。

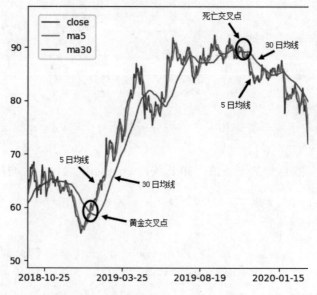

图 10.14　股票的黄金交叉点和死亡交叉点

【例 10.19】 计算股票代码为 601318 的历史出现过的所有黄金交叉点及死亡交叉点。
程序代码如下：

```python
import numpy as np
import matplotlib.pyplot as plt
import pandas as pd
import tushare as ts                       # tushare 是一个开源的财经数据接口包

df=ts.get_k_data("601318")                 # 获取股票号为 601318 的股票信息
#df.to_csv("601318.csv",index=False)       # 将数据保存到本地,方便处理

# 获取数据表的列名,并将 date 列作为 index
df = pd.read_csv("601318.csv",index_col="date") \
[["open","close","high","low","volume"]]

#创建 5 日均线,10 日均线
df["ma5"]=np.nan                           # nan 表示 Not A Number（无法表示的数）
df["ma30"]=np.nan
df["ma5"]=df["close"].rolling(5).mean()    # 计算 5 日收盘价的平均值
df["ma30"]=df["close"].rolling(30).mean()  # 计算 30 日收盘价的平均值
df[["close","ma5","ma30"]].plot()
plt.xlabel('date', fontsize='8')
plt.show()

# 计算黄金交叉点,死亡交叉点
golden_cross = []
death_cross = []
for i in range(1, len(df)):
    if df['ma5'][i] >= df['ma30'][i] and df['ma5'][i-1] < df['ma30'][i-1]:
        golden_cross.append(df.index[i])        # 黄金交叉点
    if df['ma5'][i] < df['ma30'][i] and df['ma5'][i-1] >= df['ma30'][i-1]:
        death_cross.append(df.index[i])         # 死亡交叉点
print("历史出现过的黄金交叉点:\n", golden_cross)     # 显示历年黄金交叉点的日期
print()
print("历史出现过的死亡交叉点:\n", death_cross)      # 显示历年死亡交叉点的日期
```

程序运行结果如下：

历史出现过的黄金交叉点：
['2017-10-12', '2017-12-08', '2017-12-21', '2018-01-12', '2018-03-19',
'2018-06-06', '2018-07-24', '2018-08-09', '2018-08-24', '2018-10-22',
'2018-11-06', '2018-11-19', '2019-01-21', '2019-06-13', '2019-08-21',
'2019-10-14', '2019-11-05', '2019-12-19', '2020-01-02']

历史出现过的死亡交叉点：
['2017-09-20', '2017-12-07', '2017-12-18', '2017-12-29', '2018-02-08',

```
              '2018-03-28', '2018-06-25', '2018-08-07', '2018-08-16', '2018-10-15',
'2018-10-31', '2018-11-14', '2018-11-20', '2019-05-09', '2019-08-02',
'2019-09-27', '2019-10-25', '2019-11-12', '2019-12-23', '2020-02-03']
```

4. 计算收益

当股价走势为黄金交叉点时，就购买股票，当走势为死亡交叉点时，则卖出股票，即所谓的"高抛低吸"。

```
sr1 = pd.Series(1, index=golden_cross)        # 黄金交叉点时，该日期标记为1
sr2 = pd.Series(0, index=death_cross)         # 死亡交叉点时，该日期标记为0

   p = df['close'][sr.index[i]]               # 当时股价
   if sr.iloc[i] == 1:
       buy = (money // p*100)
       hold += buy*100                        黄金交叉点时买入股票，hold 为持股数，buy 为买入数
       money -= buy*100*p
   else:
       money += hold*p
       hold = 0                               死亡交叉点时卖出股票，hold 为持股数，money 为资金
```

最后股票的收益为：

```
now_money = hold*p + money                    # 当前持有股票市值
shouyi = now_money - first_money              # 收益 = 股票市值 – 购买成本
```

【例 10.20】 设有资金 100 000 元，全部购买代码为 601318 股票的收益（黄金交叉点时则购买股票，死亡交叉点时则卖出股票）。

程序代码如下：

```
import numpy as np
import pandas as pd
import tushare as ts                          # tushare 是一个开源的财经数据接口包

df = ts.get_k_data("601318")
df = pd.read_csv("601318.csv",index_col="date")    读取股票 601318 的信息数据

df["ma5"]=np.nan
df["ma30"]=np.nan
df["ma5"]=df["close"].rolling(5).mean()       计算 5 日均线和 10 日均线
df["ma30"]=df["close"].rolling(30).mean()

golden_cross = []
death_cross = []                              计算黄金交叉点和死亡交叉点
for i in range(1, len(df)):
    if df['ma5'][i] >= df['ma30'][i] and df['ma5'][i-1] < df['ma30'][i-1]:
        golden_cross.append(df.index[i])
```

```
if df['ma5'][i] < df['ma30'][i] and df['ma5'][i-1] >= df['ma30'][i-1]:
    death_cross.append(df.index[i])
```

```
first_money = 100000                              # 最初购买股票金额 (10 万元)
money = first_money
hold = 0                                          # 持有的股票数

sr1 = pd.Series(1, index=golden_cross)            # 黄金交叉点时，该日期标记为1
sr2 = pd.Series(0, index=death_cross)             # 死亡交叉点时，该日期标记为0
sr = sr2.append(sr1).sort_index()
for i in range(0, len(sr)):
    p = df['close'][sr.index[i]]                  # 当时股价
    if sr.iloc[i] == 1:  #金叉
        buy = (money / p)
        hold += buy                      黄金交叉点时买入股票，hold 为持股数，buy 为买入数
        money -= buy*p
    else:
        money += hold*p
        hold = 0                         死亡交叉点时卖出股票，hold 为持股数，money 为资金

p = df['close'][-1]
now_money = hold*p + money                         # 当前持有股票市值
shouyi = now_money - first_money                   # 收益
print("股票收益: %d"%(shouyi))
```

程序运行结果:

股票收益: 66748

【程序说明】

由于获取的股票价格为实时价格，因此不同时期计算的股票收益结果会有所差异。

习　题　10

1. 应用 NumPy 建立一个一维数组 a，其初始值为[4, 5, 6]，完成下列操作:

（1）输出 a 的类型（type）。

（2）输出 a 的各维度的大小（shape）。

（3）输出 a 的第一个元素（值为4）。

2. 应用 NumPy 建立一个二维数组 b，其初始值为[[4, 5, 6], [1, 2, 3]]。

（1）输出各维度的大小（shape）。

（2）输出 b(0,0)、b(0,1)、b(1,1) 这 3 个元素（对应值分别为 4、5、2）。

3. 编写某学生 5 门课程的成绩的拆线图及柱状图。

第 **11** 章

Python机器学习实战入门

11.1 机器学习及其算法

11.1.1 机器学习基础知识

机器学习是一门既"古老"又"新兴"的计算机科学技术，属于人工智能研究与应用的分支。机器学习是一种通过数据训练建立模型，然后使用模型预测的一种方法。

1. 机器学习的特点

机器学习和人类思考与推理相比较，人类的思考与推理是根据历史经验总结出某种规律进而推导出结果，而机器学习是计算机利用已有的数据，建立数据模型，并利用此模型预测出未知结果。

机器学习和人类思考与推理的比较如图 11.1 所示。

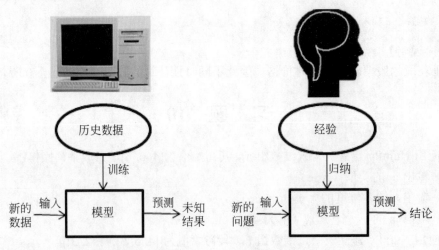

图 11.1　机器学习和人类思考与推理的比较

机器学习有如下特点。

（1）机器学习系统要解决的问题都是无法直接使用固定规则或者流程代码解决的问题，通常这类问题对人类来说很简单。例如，人类可以非常容易地从一张照片中区分出人和猫，而机器却非常难做到。

（2）机器学习系统具有学习能力是指它能够不断地从经验和数据中吸取经验教训，从而应对未来的预测任务。所以说，机器学习的核心是统计和归纳。

（3）机器学习系统具备不断改善自身对应具体任务的能力。

2. 机器学习的算法分类

机器学习的算法有 3 种：监督式学习算法、非监督式学习算法和强化学习算法。下面对这 3 种机器学习的算法进行简要介绍。

1）监督式学习算法

监督式学习算法的机制：算法由目标变量或结果变量（或因变量）组成。这些变量由已知的一系列预示变量（自变量）预测而来。利用这一系列变量，生成一个将输入值映射到期望输出值的函数。这个训练过程会一直持续，直到模型在训练数据上获得期望的精确度。监督式学习算法的例子有回归、决策树、随机森林、K 最近邻算法、逻辑回归等。

2）非监督式学习算法

非监督式学习算法的机制：在这个算法中，没有任何目标变量或结果变量要预测或估计。这种算法用在数据降维和聚类问题分析中。这种分析方式被广泛地用来细分客户，根据干预的方式分为不同的用户组。非监督式学习算法的例子有关联算法和 K 均值算法。

3）强化学习算法

强化学习算法的机制：机器被放在一个能让它通过反复试错来训练自己的环境中。机器从过去的经验中进行学习，并且尝试利用了解最透彻的知识做出精确的商业判断。应用这种算法可以训练机器进行决策。强化学习的例子有马尔可夫决策过程。

3. 机器学习的常用算法

机器学习的常用算法如下：

- 线性回归；
- 逻辑回归；
- 决策树；
- 神经网络；
- SVM（支持向量机算法）；
- 朴素贝叶斯；
- K 最近邻算法；
- K 均值算法；
- 随机森林算法；
- 降维算法；
- Gradient Boost 和 Adaboost 算法。

关于机器学习所涉及算法的深入探讨，超出了本书的范围，请读者自行参考相关书籍。

11.1.2　决策树算法应用示例

决策树算法通常要使用机器学习库 sklearn，下面先介绍机器学习库 sklearn 模块的安装和引用。

视频讲解

1. 机器学习库 sklearn

scikit-learn 简称 sklearn，是 Python 重要的机器学习库。sklearn 支持包括分类、回归、降维和聚类四大机器学习算法，还包含了特征提取、数据处理和模型评估三大模块。应用 sklearn 模块，可以大大提高机器学习的效率。

可以使用 pip 来安装 sklearn 模块。其命令如下：

```
pip install sklearn
```

在程序的前面，需要引用 sklearn 模块：

```
import sklearn
```

2. 决策树 sklearn.tree 类

机器学习库 sklearn 中的决策树 tree 可用于分类决策算法，也可用于回归决策算法。分类决策树的类需要使用 DecisionTreeClassifier()方法。

使用时要添加引用语句：

```
from sklearn import tree
```

3. 决策树算法应用的主要步骤

应用机器学习库 sklearn 的决策树算法进行决策的主要步骤如图 11.2 所示。

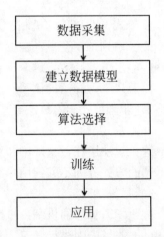

图 11.2　决策树算法应用的主要步骤

4. 应用示例

【例 11.1】　根据人的特征（身高、胡子）数据，自动判断所属性别。

设人的性别实验检测数据如表 11.1 所示。

表 11.1　人的性别实验检测数据

性别	身高/cm	胡子（1 代表有，0 代表无）
男	178	1
女	155	0
男	177	0
女	165	0
男	169	1
女	160	0

（1）建立数据模型。

根据实验检测数据，得到实验训练数据列表：

feature = [[178,1], [155,0], [177,0], [165, 0], [169,1], [160, 0]]

对应的性别分类列表为：

```
label = ['man', 'woman', 'man', 'woman', 'man', 'woman']
```

（2）创建决策树对象。

有了上述数据模型之后，应用机器学习创建决策树对象。

```
clf = tree.DecisionTreeClassifier()
```

（3）自动判断性别分类。

决策树对象根据给出的一组数据，自动判断属于哪个性别。

```
s1 = clf.predict([ [158, 0] ])# 对测试点[158, 0]进行预测
print(s1)  # 输出预测结果值
```

完整的程序代码如下：

```
import sklearn
from sklearn import tree

feature = [[178,1], [155,0], [177,0], [165,0], [169,1], [160,0]] # 训练数据
label = ['man', 'woman', 'man', 'woman', 'man', 'woman']  # 性别分类
clf = tree.DecisionTreeClassifier()      # 分类决策树的分类决策方法
clf = clf.fit(feature, label)            # 拟合训练数据，得到训练模型参数
s1 = clf.predict([ [158, 0] ])           # 对测试点[158, 0]进行预测
s2 = clf.predict([ [176, 1] ])           # 对测试点[176, 1]进行预测
print('s1 = ', s1)                       # 输出预测结果值
print('s2 = ', s2)                       # 输出预测结果值
```

程序运行结果为：

```
s1 = ['woman']
s2 = ['man']
```

11.1.3　K最近邻算法应用示例

视频讲解

K最近邻 (K-Nearest Neighbors，KNN) 算法是一种机器学习分类算法。

K最近邻算法的核心思想是：以所有已知类别的样本作为参照，计算未知样本与所有已知样本的距离，从中选取与未知样本距离最近的K个已知样本，根据少数服从多数的投票法则，将未知样本与K个最近邻样本中所属类别占比较多的归为一类。

K最近邻算法的基本步骤如下：

（1）在相似度较高的样本中，划分训练样本和测试样本；

（2）计算训练样本和测试样本中每个样本点的距离（欧氏距离、马氏距离等）；

（3）对上面所有的距离值进行排序；

（4）选前K个最小距离的样本；

（5）根据这K个样本的标签进行加权，得到最后的权重大的类别即为测试样本类别。

【例11.2】　根据电影情节，电影可分为喜剧片、动作片、爱情片3种，其使用的特征值分别为搞笑镜头、打斗镜头、拥抱镜头的数量。应用K最近邻算法，自动判别影片的分类。

1. 电影分类数据

设有电影分类数据如表 11.2 所示（镜头数据纯属虚构，仅作为示例使用），现有新电影《唐人街探案》，用K最近邻算法，判别其属于哪种类型。

表 11.2　电影分类数据

序号	电影名称	搞笑镜头	拥抱镜头	打斗镜头	电影类型
1	宝贝当家	45	2	9	喜剧片
2	美人鱼	21	17	5	喜剧片
3	澳门风云 3	54	9	11	喜剧片
4	功夫熊猫 3	39	0	31	喜剧片
5	谍影重重	5	2	57	动作片
6	叶问 3	3	2	65	动作片
7	伦敦陷落	2	3	55	动作片
8	我的特工爷爷	6	4	21	动作片
9	奔爱	7	46	4	爱情片
10	夜孔雀	9	39	8	爱情片
11	代理情人	9	38	2	爱情片
12	新步步惊心	8	34	17	爱情片
13	唐人街探案	23	3	17	?

2. 根据影片分类数据构建数据集

为简单起见，这里省略了通过 sklearn 模块建立数据集的过程，直接使用 Python 的字典构造数据集。

```
movie_data = {"宝贝当家": [45, 2, 9, "喜剧片"],
              "美人鱼": [21, 17, 5, "喜剧片"],
              "澳门风云 3": [54, 9, 11, "喜剧片"],
              "功夫熊猫 3": [39, 0, 31, "喜剧片"],
              "谍影重重": [5, 2, 57, "动作片"],
              "叶问 3": [3, 2, 65, "动作片"],
              "伦敦陷落": [2, 3, 55, "动作片"],
              "我的特工爷爷": [6, 4, 21, "动作片"],
              "奔爱": [7, 46, 4, "爱情片"],
              "夜孔雀": [9, 39, 8, "爱情片"],
              "代理情人": [9, 38, 2, "爱情片"],
              "新步步惊心": [8, 34, 17, "爱情片"]}
```

3. 计算新样本与数据集中所有数据的距离

根据问题，这里的新样本就是："唐人街探案": $[23, 3, 17, "?$ 片"]。

欧氏距离是一个非常简单又最常用的距离计算方法。

$$d = \sqrt{\sum_{i=1}^{n} (xi - yi)^2}$$

其中 x、y 为 2 个样本，n 为维度，xi、yi 为 x、y 第 i 个维度上的特征值。如 x 为"唐人街探案": $[23, 3, 17, "?$ 片"]，y 为"伦敦陷落": $[2, 3, 55, "动作片"]$，则两者之间的距离为：

$$d = \sqrt{(23 - 2)^2 + (3 - 3)^2 + (17 - 55)^2} = 43.42$$

下面为求与数据集中所有数据的距离代码：

```python
x = [23, 3, 17]
KNN = []
for key, v in movie_data.items():
    d = math.sqrt((x[0] - v[0]) ** 2 + (x[1] - v[1]) ** 2 + (x[2] - v[2]) ** 2)
    KNN.append([key, round(d, 2)])
print(KNN)
```

运行代码，其输出结果为：

```
[['谍影重重', 43.87],
 ['伦敦陷落', 43.42],
 ['澳门风云3', 32.14],
 ['叶问3', 52.01],
 ['我的特工爷爷', 17.49],
 ['新步步惊心', 34.44],
 ['宝贝当家', 23.43],
 ['功夫熊猫3', 21.47],
 ['奔爱', 47.69],
 ['美人鱼', 18.55],
 ['夜孔雀', 39.66],
 ['代理情人', 40.57]]
```

4. 按照距离大小进行递增排序

```python
KNN.sort(key=lambda dis: dis[1])
```

其输出结果为：

```
[['我的特工爷爷', 17.49],
 ['美人鱼', 18.55],
 ['功夫熊猫3', 21.47],
 ['宝贝当家', 23.43],
 ['澳门风云3', 32.14],
 ['新步步惊心', 34.44],
 ['夜孔雀', 39.66],
 ['代理情人', 40.57],
 ['伦敦陷落', 43.42],
 ['谍影重重', 43.87],
 ['奔爱', 47.69],
 ['叶问3', 52.01]]
```

5. 选取距离最小的 K 个样本

这里取 K=5：

```python
KNN=KNN[:5]
```

其输出结果为:

```
[['我的特工爷爷', 17.49],
['美人鱼', 18.55],
['功夫熊猫3', 21.47],
['宝贝当家', 23.43],
['澳门风云3', 32.14]]
```

6. 确定前 K 个样本所在类别出现的频率,并输出出现频率最高的类别

```
labels = {"喜剧片":0,"动作片":0,"爱情片":0}
for sin KNN:
    label = movie_data[s[0]]
    labels[label[3]] += 1
labels =sorted(labels.items(),key=lambdal: l[1],reverse=True)
print(labels,labels[0][0],sep='\n')
```

输出结果:

```
 [('喜剧片', 4), ('动作片', 1), ('爱情片', 0)]
```

因此,得到结论:

电影《唐人街探案》为喜剧片。

7. 完整程序

```
import math

movie_data = {"宝贝当家": [45, 2, 9, "喜剧片"],
              "美人鱼": [21, 17, 5, "喜剧片"],
              "澳门风云3": [54, 9, 11, "喜剧片"],
              "功夫熊猫3": [39, 0, 31, "喜剧片"],
              "谍影重重": [5, 2, 57, "动作片"],
              "叶问3": [3, 2, 65, "动作片"],
              "伦敦陷落": [2, 3, 55, "动作片"],
              "我的特工爷爷": [6, 4, 21, "动作片"],
              "奔爱": [7, 46, 4, "爱情片"],
              "夜孔雀": [9, 39, 8, "爱情片"],
              "代理情人": [9, 38, 2, "爱情片"],
              "新步步惊心": [8, 34, 17, "爱情片"]}

# 测试样本  唐人街探案": [23, 3, 17, "? 片"]
# 下面为求与数据集中所有数据的距离代码
x = [23, 3, 17]
KNN = []
for key, v in movie_data.items():
    d = math.sqrt((x[0] - v[0]) ** 2 + (x[1] - v[1]) ** 2 + (x[2] - v[2]) ** 2)
```

```
    KNN.append([key, round(d, 2)])

# 输出所用电影到唐人街探案的距离
print(KNN)

# 按照距离大小进行递增排序
KNN.sort(key=lambda dis: dis[1])

# 选取距离最小的 K 个样本，这里取 K=5
KNN=KNN[:5]
print(KNN)

# 确定前 K 个样本所在类别出现的频率,并输出出现频率最高的类别
labels = {"喜剧片":0,"动作片":0,"爱情片":0}
for s in KNN:
    label = movie_data[s[0]]
    labels[label[3]] += 1
labels =sorted(labels.items(),key=lambda l: l[1],reverse=True)
print(labels,labels[0][0],sep='\n')
```

11.2　机器学习案例 1：信贷审核

视频讲解

11.2.1　决策树算法问题

1. 决策树算法简介

决策树算法（decision tree）是一种基本的分类与回归算法。决策树又称为判定树，是运用于分类的一种树结构，其中的每个内部节点代表对某一属性的一次测试，每条边代表一个测试结果，叶节点代表某个类或类的分布。

决策树的决策过程需要从决策树的根节点开始，待测数据与决策树中的特征节点进行比较，并按照比较结果选择下一比较分支，直到叶子节点作为最终的决策结果。决策树中的每个节点表示对象属性的判断条件，其分支表示符合节点条件的对象。树的叶节点表示对象所属的预测结果。

2. 经验熵

对信息集合不确定性的度量方式称为信息熵，简称熵。当熵中的概率由数据估计（特别是最大似然估计）得到时，所对应的熵称为经验熵。

经验熵公式为：

$$H(D) = -\sum_{k=1}^{K} \frac{C_k}{D} \log \frac{C_k}{D}$$

$$H(D) = -\sum_{k=1}^{K} \frac{|C_k|}{|D|} \text{lb} \frac{|C_k|}{|D|}$$

设有申请信贷的历史数据，如表 11.3 所示。

表 11.3　申请信贷的历史数据

序号	有稳定收入	有房产	审核放贷结果
1	否	否	否
2	否	否	否
3	是	否	是
4	是	是	是
5	否	否	否
6	否	是	是
7	是	否	是
8	是	是	是
9	否	是	否
10	否	是	是
11	是	否	是
12	否	是	是
13	否	否	否
14	否	否	否
15	是	是	是

在上述 15 个数据中，9 个数据的结果为放贷，6 个数据的结果为不放贷。所以数据集 D 的经验熵 H(D)为：

$$H(D) = -\frac{9}{15}lb\frac{9}{15} - \frac{6}{15} = 0.971$$

3. 建立决策树

建立决策树的基本思想是以信息熵为度量构造一棵熵值下降最快的树，到叶子节点处的熵值为零，需要遍历所有特征，选择信息增益最大的特征作为当前的分裂特征，一个特征的信息增益越大，表明属性对样本的熵减少的能力更强，这个属性使得数据由不确定性变成确定性的能力越强。

4. 决策树的学习过程

（1）特征选择：从训练数据的特征中选择一个特征作为当前节点的分裂标准（特征选择的标准不同产生了不同的特征决策树算法）。

（2）决策树生成：根据所选特征评估标准，从上至下递归地生成子节点，直到数据集不可分则停止决策树生长。

（3）剪枝：决策树容易过拟合，需要剪枝来缩小树的结构和规模（包括预剪枝和后剪枝）。

11.2.2　应用决策树算法解决信贷审核问题

下面介绍应用决策树算法进行信贷审核的程序设计方法。

【例 11.3】　应用机器学习的决策树算法，自动完成信贷审核。

1. 机器学习模块(ex11_3_Learning.py)

```
from math import log
import operator
```

```
import pickle

"""
函数说明：计算给定数据集的经验熵（香农熵）
Parameters:
    dataSet - 数据集
Returns:
    shannonEnt - 经验熵（香农熵）
"""
def calcShannonEnt(dataSet):
    numEntires = len(dataSet)                       # 返回数据集的行数
    labelCounts = {}                                # 保存每个标签出现次数的字典
    for featVec in dataSet:                         # 对每组特征向量进行统计
        currentLabel = featVec[-1]                  # 提取标签信息
        if currentLabel not in labelCounts.keys():  # 如果标签没有放入统计次数
                                                    # 的字典，则添加进去
            labelCounts[currentLabel] = 0
        labelCounts[currentLabel] += 1              # 标签计数
    shannonEnt = 0.0                                # 经验熵（香农熵）
    for key in labelCounts:                         # 计算香农熵
        prob = float(labelCounts[key]) / numEntires # 选择该标签的概率
        shannonEnt -= prob * log(prob, 2)           # 利用公式计算
    return shannonEnt                               # 返回经验熵（香农熵）


"""
函数说明：创建测试数据集
Returns:
    dataSet - 数据集
    labels - 特征标签
"""
def createDataSet():
    dataSet = [[0, 0, 'no'],                        # 表11.3的数据集
               [0, 0, 'no'],
               [1, 0, 'yes'],
               [1, 1, 'yes'],
               [0, 0, 'no'],
               [0, 0, 'no'],
               [0, 0, 'no'],
               [1, 1, 'yes'],
               [0, 1, 'yes'],
               [0, 1, 'yes'],
               [0, 1, 'yes'],
               [0, 1, 'yes'],
               [1, 0, 'yes'],
               [1, 0, 'yes'],
               [0, 0, 'no']]
```

```
        labels = ['有稳定收入', '有房产', '审核结果']          # 特征标签
        return dataSet, labels                                # 返回数据集和分类属性


"""
函数说明:按照给定特征划分数据集
Parameters:
    dataSet - 待划分的数据集
    axis - 划分数据集的特征
    value - 需要返回的特征的值
Returns:
    无
"""
def splitDataSet(dataSet, axis, value):
    retDataSet = []                                           # 创建返回的数据集列表
    for featVec in dataSet:                                   # 遍历数据集
        if featVec[axis] == value:
            reducedFeatVec = featVec[:axis]                   # 去掉 axis 特征
            reducedFeatVec.extend(featVec[axis+1:])           # 添加到返回的数据集
            retDataSet.append(reducedFeatVec)
    return retDataSet                                         # 返回划分后的数据集


"""
函数说明:选择最优特征
Parameters:
    dataSet - 数据集
Returns:
    bestFeature - 信息增益最大的(最优)特征的索引值
"""
def chooseBestFeatureToSplit(dataSet):
    numFeatures = len(dataSet[0]) - 1                         # 特征数量
    baseEntropy = calcShannonEnt(dataSet)                     # 计算数据集的香农熵
    bestInfoGain = 0.0                                        # 信息增益
    bestFeature = -1                                          # 最优特征的索引值
    for i in range(numFeatures):                              # 遍历所有特征
        # 获取 dataSet 的第 i 个所有特征
        featList = [example[i] for example in dataSet]
        uniqueVals = set(featList)                      # 创建 set 集合{},元素不可重复
        newEntropy = 0.0                               # 经验条件熵
        for value in uniqueVals:                       # 计算信息增益
            subDataSet = splitDataSet(dataSet,i,value)    # 设置划分后的子集
            prob = len(subDataSet) / float(len(dataSet))  # 计算子集的概率
            newEntropy += prob * calcShannonEnt(subDataSet)  # 计算经验条件熵
        infoGain = baseEntropy - newEntropy                  # 信息增益
        if (infoGain > bestInfoGain):                        # 计算信息增益
            bestInfoGain = infoGain                    # 更新信息增益,找到最大的信息增益
            bestFeature = i                            # 记录信息增益最大的特征的索引值
```

```
        return bestFeature                          # 返回信息增益最大的特征的索引值


"""
函数说明:统计 classList 中出现此处最多的元素(类标签)
Parameters:
    classList - 类标签列表
Returns:
    sortedClassCount[0][0] - 出现此处最多的元素(类标签)
"""
def majorityCnt(classList):
    classCount = {}
    for vote in classList:                          # 统计 classList 中每个元素出现的次数
        if vote not in classCount.keys():classCount[vote] = 0
        classCount[vote] += 1
sortedClassCount = sorted(classCount.items(),
key = operator.itemgetter(1),
reverse = True)                                     # 根据字典的值降序排序
    return sortedClassCount[0][0]                   # 返回 classList 中出现次数最多的元素


"""
函数说明:创建决策树
Parameters:
    dataSet - 训练数据集
    labels - 分类属性标签
    featLabels - 存储选择的最优特征标签
Returns:
    myTree - 决策树
"""
def createTree(dataSet, labels, featLabels):
# 取分类标签(是否放贷:yes or no)
classList = [example[-1] for example in dataSet]
# 如果类别完全相同则停止继续划分
    if classList.count(classList[0]) == len(classList):
        return classList[0]
# 遍历完所有特征时返回出现次数最多的类标签
    if len(dataSet[0]) == 1:
        return majorityCnt(classList)
    bestFeat = chooseBestFeatureToSplit(dataSet)    # 选择最优特征
    bestFeatLabel = labels[bestFeat]                # 最优特征的标签
    featLabels.append(bestFeatLabel)
    myTree = {bestFeatLabel:{}}                     # 根据最优特征的标签生成树
del(labels[bestFeat])                               # 删除已经使用特征标签
# 得到训练集中所有最优特征的属性值
    featValues = [example[bestFeat] for example in dataSet]
```

```
        uniqueVals = set(featValues)                    # 去掉重复的属性值
        for value in uniqueVals:                        # 遍历特征,创建决策树
            myTree[bestFeatLabel][value] = createTree(splitDataSet(dataSet,
            bestFeat, value), labels, featLabels)
        return myTree

"""
函数说明:使用决策树分类
Parameters:
    inputTree - 已经生成的决策树
    featLabels - 存储选择的最优特征标签
    testVec - 测试数据列表,顺序对应最优特征标签
Returns:
    classLabel - 分类结果
"""
def classify(inputTree, featLabels, testVec):
    firstStr = next(iter(inputTree))                    # 获取决策树节点
    secondDict = inputTree[firstStr]                    # 下一个字典
    featIndex = featLabels.index(firstStr)
    for key in secondDict.keys():
        if testVec[featIndex] == key:
            if type(secondDict[key]).__name__ == 'dict':
                classLabel = classify(secondDict[key], featLabels, testVec)
            else: classLabel = secondDict[key]
    return classLabel
```

2. 显示决策树模块(ex11_3_tree.py)

```
from matplotlib.font_manager import FontProperties
import matplotlib.pyplot as plt
from math import log
import operator
import ex9_12_Learning


"""
函数说明:获取决策树叶子节点的数目
Parameters:
    myTree - 决策树
Returns:
    numLeafs - 决策树的叶子节点的数目
"""
def getNumLeafs(myTree):
    numLeafs = 0                                        # 初始化叶子
    firstStr = next(iter(myTree))                       # 获取节点属性
    secondDict = myTree[firstStr]                       # 获取下一组字典
    for key in secondDict.keys():
```

```
# 测试该节点是否为字典,如果不是字典,则代表此节点为叶子节点
        if type(secondDict[key]).__name__=='dict':
            numLeafs += getNumLeafs(secondDict[key])
        else:   numLeafs +=1
    return numLeafs


"""
函数说明:获取决策树的层数
Parameters:
    myTree - 决策树
Returns:
    maxDepth - 决策树的层数
"""
def getTreeDepth(myTree):
    maxDepth = 0                                    # 初始化决策树深度
    firstStr = next(iter(myTree))
    secondDict = myTree[firstStr]                   # 获取下一个字典
    for key in secondDict.keys():
        # 测试该节点是否为字典, 如果不是字典, 代表此节点为叶子节点
if type(secondDict[key]).__name__=='dict':
            thisDepth = 1 + getTreeDepth(secondDict[key])
        else:   thisDepth = 1
        if thisDepth > maxDepth: maxDepth = thisDepth     # 更新层数
    return maxDepth


"""
函数说明:绘制节点
Parameters:
    nodeTxt - 节点名
    centerPt - 文本位置
    parentPt - 标注的箭头位置
    nodeType - 节点格式
"""
def plotNode(nodeTxt, centerPt, parentPt, nodeType):
arrow_args = dict(arrowstyle="<-")              # 定义箭头格式
# 设置简体汉字
    font = FontProperties(fname=r"c:\windows\fonts\simsun.ttc", size=14)
    createPlot.ax1.annotate(nodeTxt, xy=parentPt,
        xycoords='axes fraction',    # 绘制节点
        xytext=centerPt, textcoords='axes fraction',
        va="center", ha="center", bbox=nodeType,
         arrowprops=arrow_args, FontProperties=font)


"""
函数说明:标注有向边属性值
```

```
Parameters:
    cntrPt、parentPt - 用于计算标注位置
    txtString - 标注的内容
"""
def plotMidText(cntrPt, parentPt, txtString):
xMid = (parentPt[0]-cntrPt[0])/2.0 + cntrPt[0]        # 计算标注位置
    yMid = (parentPt[1]-cntrPt[1])/2.0 + cntrPt[1]
    createPlot.ax1.text(xMid, yMid, txtString, va="center", ha="center",
    rotation=30)


"""
函数说明:绘制决策树
Parameters:
    myTree - 决策树(字典)
    parentPt - 标注的内容
    nodeTxt - 节点名
"""
def plotTree(myTree, parentPt, nodeTxt):
decisionNode = dict(boxstyle="sawtooth", fc="0.8") # 设置节点格式
    leafNode = dict(boxstyle="round4", fc="0.8")          # 设置叶节点格式
    numLeafs = getNumLeafs(myTree)                 # 获取决策树叶节点数目，决定了树的宽度
    depth = getTreeDepth(myTree)                   # 获取决策树层数
    firstStr = next(iter(myTree))                  # 下个字典
    cntrPt = (plotTree.xOff + (1.0 + float(numLeafs))/2.0/plotTree.totalW,
plotTree.yOff)    # 中心位置
    plotMidText(cntrPt, parentPt, nodeTxt) # 标注有向边属性值
    plotNode(firstStr, cntrPt, parentPt, decisionNode)        # 绘制节点
    secondDict = myTree[firstStr]                  # 下一个字典,也就是继续绘制子节点
    plotTree.yOff = plotTree.yOff - 1.0/plotTree.totalD     # y偏移

    for key in secondDict.keys():
        # 测试该节点是否为字典,如果不是字典,则代表此节点为叶子节点
            if type(secondDict[key]).__name__=='dict':
                plotTree(secondDict[key],cntrPt,str(key)) # 不是叶节点,递归调用继续绘制
            else:
# 如果是叶节点,则绘制叶节点,并标注有向边属性值
            plotTree.xOff = plotTree.xOff + 1.0/plotTree.totalW

plotNode(secondDict[key],(plotTree.xOff,plotTree.yOff),cntrPt,leafNode)
            plotMidText((plotTree.xOff, plotTree.yOff), cntrPt, str(key))
        plotTree.yOff = plotTree.yOff + 1.0/plotTree.totalD


"""
函数说明:创建绘制面板
Parameters:
```

```
        inTree - 决策树(字典)
    """
    def createPlot(inTree):
    fig = plt.figure(1, facecolor='white')              # 创建 fig
        fig.clf()                                        # 清空 fig
        axprops = dict(xticks=[], yticks=[])
    createPlot.ax1 = plt.subplot(111, frameon=False, **axprops) #去掉 x、y 轴
    plotTree.totalW = float(getNumLeafs(inTree))    # 获取决策树叶节点数目
    plotTree.totalD = float(getTreeDepth(inTree))   # 获取决策树层数
    plotTree.xOff = -0.5/plotTree.totalW; plotTree.yOff = 1.0; #x 偏移
    plotTree(inTree, (0.5,1.0), '')                      # 绘制决策树
        plt.show()                                       # 显示绘制结果


def main():
    dataSet, labels = ex11_3_Learning.createDataSet()
    featLabels = []
    myTree = ex11_3_Learning.createTree(dataSet, labels, featLabels)
    print(myTree)
    createPlot(myTree)


if __name__ == '__main__':
    main()
```

程序运行结果如图 11.3 所示。

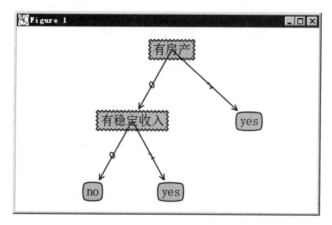

图 11.3 显示决策树

3. 界面程序（ex11_3.py）

```
from tkinter import *
from tkinter import ttk
import ex11_3_tree
import ex11_3_Learning


win = Tk()
```

```python
win.geometry('450x116')
win.title('信贷审核')

dataSet, labels = ex11_3_Learning.createDataSet()
featLabels = []
myTree = ex9_12_Learning.createTree(dataSet, labels, featLabels)

"""
函数说明："信贷审核"按钮事件
Parameters:
    txt1 - 选择框输入的收入状况
    txt2 - 选择框输入的房产状况
    txt3 - 显示决策树的判断结果
Returns:
    无
"""
def mClick():
  txt1 = nChosen1.get()
  txt2 = nChosen2.get()
  if txt1 == '有稳定收入':
      t1 = 1
  else:
      t1 = 0
  if txt2 == '有房产':
      t2 = 1
  else:
      t2 = 0
  testVec = [t1,t2]                        # 测试数据,用0,1表示
  result = ex11_3_Learning.classify(myTree, featLabels, testVec)
  if result == 'yes':
      txt3.set("审核结果：放贷")
  if result == 'no':
      txt3.set("审核结果：不放贷")


"""
函数说明："显示决策树"按钮事件
"""
def mClick2():
    ex11_3_tree.main()

# 创建几个组件元素
txt1=StringVar()
txt2=StringVar()
txt3=StringVar()
```

```
txt3.set("决策树判断放贷结果")
lab1=Label(win, text="请选择收入状况: ",font=('宋体','16'))
lab2=Label(win, text="请选择房产状况: ",font=('宋体','16'))
lab3=Label(win,textvariable=txt3,relief='ridge',width=30,font=('宋体', '16'))
button = Button(win, text='信贷审核', command=mClick,font=('宋体','16'))
button2 = Button(win, text='显示决策树', command=mClick2,font=('宋体','14'))

# 创建下拉列表
nChosen1=ttk.Combobox(win,width=12,textvariable=txt1,font=('宋体','16'))
nChosen1['values'] = ('','有稳定收入', '无稳定收入')
nChosen1.current(0)                              # 设置下拉列表默认值
nChosen2=ttk.Combobox(win,width=12,textvariable=txt2,font=('宋体','16'))
nChosen2['values'] = ('','有房产', '无房产')
nChosen2.current(0)                              # 设置下拉列表默认值

# 界面布局设置
lab1.grid(row=0,column=0)
lab2.grid(row=1,column=0)
nChosen1.grid(row=0,column=1)
nChosen2.grid(row=1,column=1)
lab3.grid(row=2,column=0,columnspan=2)
button.grid(row=2,column=2)
button2.grid(row=0,column=2)

win.mainloop()
```

程序运行结果如图11.4所示。

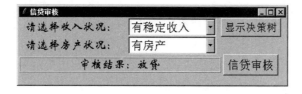

图11.4　应用机器学习得出信贷审核结果

11.3　机器学习案例2：人脸识别

视频讲解

　　人脸识别是基于人的脸部特征信息进行身份识别的一种生物识别技术。简单来讲，人脸识别就是给定两个人脸，然后判定他们是不是同一个人，这是它最原始的定义。它有很多应用场景，如银行柜台、海关、手机解锁、酒店入住、网吧认证等，都会查身份证跟你是不是同一个人。

　　人脸识别系统成功的关键在于拥有尖端的核心算法，并使识别结果具有实用化的识别率和识别速度。人脸识别系统集成了人工智能、机器识别、机器学习、模型理论、专家系统、视频图像处理等多种专业技术，同时需结合中间值处理的理论与实现，是生物特征识别的最新应用，其核心技术的实现，展现了人工智能应用已经达到一个新的高度。

11.3.1 Dlib 框架及人脸识别模型库

1. Dlib 框架

Dlib 是基于 C++的一个跨平台通用的框架。Dlib 内容涵盖机器学习、图像处理、数值算法、数据压缩等。Dlib 提供了 Python 的接口，在 Python 中安装 Dlib 时要先安装 cmake 模块和 scikit-image 模块，由于在安装 dlib 模块过程中需要对 C++代码进行编译，所以安装 dlib 模块前要先安装好 Visual Studio 2015 以后版本。

使用 pip 模块管理工具下载 dlib 框架的相关模块。

1）下载 cmake 模块

```
pip install cmake
```

2）下载 scikit-image 模块

```
pip install scikit-image
```

3）下载 dlib 模块

```
pip install dlib
```

由于版本差异，安装 dlib 模块时可能会出现编译错误，可以到网盘下载 dlib 模块的安装文件（https://pan.baidu.com/s/1kLn0uEqO5xinuTMZzk3fFA，提取码：kh99），其 dlib 模块的文件为 dlib-19.19.0-cp38-cp38m-win_amd64.whl。安装时，先使用以下命令

```
pip install wheel
```

安装运行 whl 文件的模块，然后安装 whl 文件，其命令为：

```
pip install  dlib-19.19.0-cp38-cp38m-win_amd64.whl
```

2. 人脸识别模型库

在本案例中，使用下面两个已经训练好的人脸识别模型进行项目设计。

1）人脸关键点检测模型

shape_predictor_68_face_landmarks.dat 是通过机器学习已经训练好的人脸关键点检测器，使用这个模型，可以很方便地检测人的脸部，并计算出人脸的特征关键点。

2）人脸识别模型

dlib_face_recognition_resnet_model_v1.dat 是已经训练好的 ResNet（Residual Neural Network）人脸识别模型。ResNet 是一种经机器学习训练出 152 层的神经网络，称为残差网络，它可以加速神经网络的训练，模型的准确率也很高。

人脸检测模型和人脸识别模型的下载地址为 http://dlib.net/files/。

11.3.2　人脸检测

下面介绍应用人脸检测模型进行人脸检测的程序设计方法。

【例 **11.4**】 找出图像中的正向人脸，并用方框标识出来。

应用已经训练好的人脸检测模型，进行人脸检测，构建人脸外部矩形框，其核心语句为：

```
detector = dlib.get_frontal_face_detector()
shape = predictor(img, 1)
```

程序设计步骤如图 11.5 所示。

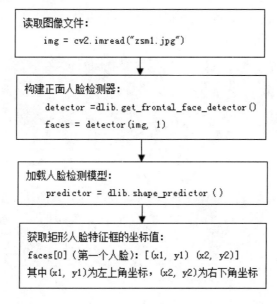

图 11.5　人脸检测主要步骤

程序代码如下：

```
import dlib
from skimage import io

# 使用 Dlib 的正面人脸检测器 frontal_face_detector
detector = dlib.get_frontal_face_detector()
# Dlib 的人脸检测模型
predictor = dlib.shape_predictor("shape_predictor_68_face_landmarks.dat")
# 图片所在路径
img = io.imread("x3.jpg")
# 生成 Dlib 的图像窗口
win = dlib.image_window()
win.set_image(img)
# 使用 detector 检测器来检测图像中的人脸
faces = detector(img, 1)
```

```
print("人脸数: ", len(faces))
for i, d in enumerate(faces):
    print("第", i+1, "个人脸的矩形框坐标: ",
           "left:", d.left(),
           "right:", d.right(),
           "top:", d.top(),
           "bottom:", d.bottom())
# 绘制人脸脸部矩形框
win.add_overlay(faces)
# 保持图像
dlib.hit_enter_to_continue()
```

运行程序，可以输出每个人脸的脸部轮廓矩形框的坐标值，并在图片上绘制方框图形。检测单人及多人正面脸部的结果如图 11.6 所示。

图 11.6　检测正面脸部

shape_predictor_68_face_landmarks.dat 是一个检测人脸 68 个关键点的检测器，应用这个模型，可以很方便地计算出人脸的特征关键点，并绘制出脸部轮廓。

提取脸部轮廓的核心语句为：

```
shape = predictor(img, faces[i])        # 计算脸部轮廓关键点的位置
    win.add_overlay(shape)              # 绘制脸部轮廓线
```

【例 11.5】　在例 11.4 的基础上，绘制脸部轮廓线。

```
import dlib
from skimage import io


detector = dlib.get_frontal_face_detector()
```

```
predictor = dlib.shape_predictor("shape_predictor_68_face_landmarks.dat")
img = io.imread("zsm1.jpg")
win = dlib.image_window()
win.set_image(img)
faces = detector(img, 1)
print("人脸数: ", len(faces))
for i, d in enumerate(faces):
    print("第", i+1, "个人脸的矩形框坐标: ",
            "left:", d.left(),
            "right:", d.right(),
            "top:", d.top(),
            "bottom:", d.bottom())
    # 使用predictor来计算面部轮廓关键点位置
    shape = predictor(img, faces[i])
    # 绘制面部轮廓
    win.add_overlay(shape)
# 绘制脸部轮廓矩形框
win.add_overlay(faces)
# 保持图像
dlib.hit_enter_to_continue()
```

程序运行结果如图 11.7 所示。

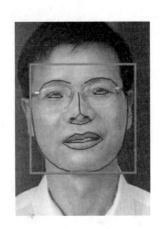

图 11.7 绘制脸部轮廓线

11.3.3 人脸识别

之所以用 Dlib 来实现人脸识别,是因为它已经做好了绝大部分的工作,人们只需要去调用所需功能就行了。Dlib 里面有人脸检测器,有训练好的人脸关键点检测器,也有训练好的人脸识别模型。

Dlib 框架的人脸识别程序目录结构如图 11.8 所示,在当前目录下存放人脸识别程序 ex11_6.py 及需要识别的人脸图片 test.jpg。当前目录下还有两个子目录,分别为 model 和 face_data。

model 目录下存放的 shape_predictor_68_face_landmarks.dat 是通过机器学习已经训练好的人脸关键点检测器,dlib_face_recognition_resnet_model_v1.dat 是已经训练好的 ResNet 人脸识别模型。

face_data 目录存放事先准备好的 6 张备选照片,要识别 test.jpg 图片中的人是这 6 个人中的哪一个,如图 11.9 所示。

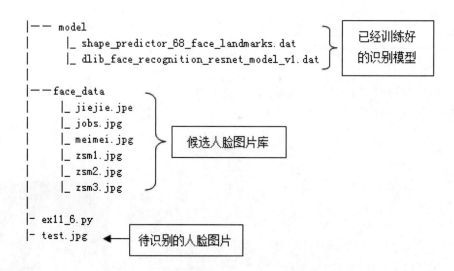

图 11.8　Dlib 框架的人脸识别程序目录结构

jiejie.jpg　　jobs.jpg　　meimei.jpg　　zsm1.jpg　　zsm2.jpg　　zsm3.jpg

图 11.9　事先准备好的 6 张备选照片

用于测试的照片 test.jpg 存放在程序 ex11_6.py 同一目录下，如图 11.10 所示。

1. 人脸识别基本设计思路

应用 Dlib 框架进行人脸识别的基本设计思路如下：

（1）预先导入所需要的人脸识别模型；

（2）遍历循环识别文件夹中的图片，提取脸部关键点，让模型"记住"人物的样子；

（3）输入待检测的图像，与文件夹中的候选图片进行比对，返回最接近的结果。

人脸识别的基本流程如下：

（1）对候选人进行人脸检测、关键点提取、描述子生成后，把候选人描述子保存起来。

（2）对测试人脸进行人脸检测、关键点提取、描述子生成。

（3）求测试图像人脸描述子和候选人脸描述子之间的欧氏距离，距离最小者判定为同一个人。

test.jpg

图 11.10　测试照片

2. 比对人脸

前面已进行 Dlib 检测人脸、提取 68 个特征点，在这两个工作的基础之上，将人脸的信息提取成一个 128 维的向量空间。在这个向量空间上，同一个人脸的数据距离比较接近，不同人脸的距离则较远。这个数值度量采用欧氏距离来计算。

二维情况下：

$$distance = \sqrt{(x_1 - x_2)^2 + (y_1 - y_2)^2}$$

三维情况下：

$$distance = \sqrt{(x_1 - x_2)^2 + (y_1 - y_2)^2 + (z_1 - z_2)^2}$$

以此类推，将其扩展到 128 维的情况下即可。

通常使用的判别阈值是 0.6，即如果两个人脸的向量空间的欧氏距离超过了 0.6，即认定不是同一个人；如果欧氏距离小于 0.5，则认为有可能是同一个人。这个距离也可以由自己定，只要效果能更好。

【例 11.6】 编写一个人脸识别程序。

程序代码如下：

```python
import sys,os,dlib,glob,numpy
from skimage import io
import cv2

if len(sys.argv) != 2:                      # 命令行参数
    print("请检查参数是否正确")
    exit()

current_path = os.getcwd()                  # 获取当前路径
# 1.人脸关键点检测器
premod = "\\model\\shape_predictor_68_face_landmarks.dat"
predictor_path = current_path + premod

# 2.人脸识别模型
recmod = "\\model\\dlib_face_recognition_resnet_model_v1.dat"
face_rec_model_path = current_path + recmod

# 3.备选人脸文件夹
faces_folder_path = "face_data1"

# 4.需识别的人脸
img_path = sys.argv[1]

# 5.加载正脸检测器
detector = dlib.get_frontal_face_detector()

# 6.加载人脸关键点检测器
sp = dlib.shape_predictor(predictor_path)

# 7.加载人脸识别模型
facerec = dlib.face_recognition_model_v1(face_rec_model_path)

# 8.加载显示人脸窗体
```

```python
win = dlib.image_window()
# 候选人脸描述子 list
descriptors = []

# 9. 对文件夹下的每一个人脸进行
# (1) 人脸检测
# (2) 关键点检测
# (3) 描述子提取
for f in glob.glob(os.path.join(faces_folder_path, "*.jpg")):
    print("Processing file: {}".format(f))
    img = io.imread(f)
    win.clear_overlay()
    win.set_image(img)

    # (1) 人脸检测
    dets = detector(img, 1)
    print("Number of faces detected: {}".format(len(dets)))

    for k, d in enumerate(dets):
        # (2) 关键点检测
        shape = sp(img, d)
        # 画出人脸区域和关键点
        win.clear_overlay()
        win.add_overlay(d)
        win.add_overlay(shape)

        # (3) 描述子提取, 128 维向量
        face_descriptor = facerec.compute_face_descriptor(img, shape)

        # 转换为 numpy array
        v = numpy.array(face_descriptor)
        descriptors.append(v)

# 10.对需识别人脸进行同样处理
# 提取描述子,不再注释

img = io.imread(img_path)
dets = detector(img, 1)

adist = []
for k, d in enumerate(dets):
    shape = sp(img, d)
    face_descriptor = facerec.compute_face_descriptor(img, shape)
    d_test = numpy.array(face_descriptor)

    # 计算欧氏距离
    for i in descriptors:
```

```
        dist_ = numpy.linalg.norm(i-d_test)
        adist.append(dist_)

# 11.候选人名单
candidate = ['jiejie','jobs','meimei','zsm1','zsm2','zsm3']
c_d = []

# 12.候选人和距离组成一个 dict
c_d = dict(zip(candidate,adist))
print(c_d)
cd_sorted = sorted(c_d.items(), key=lambda d:d[1])
print("\n 该照片上的人是: ",cd_sorted[0][0])
```

将文件保存为 ex11_6.py。在命令行窗口，进入程序所在目录，输入命令：

程序运行结果如下：

```
{
'jiejie': 0.3593425798885729,
 'jobs':   0.9704711902930601,
 'meimei': 0.29348682273749477,
 'zsm1':   0.64117880998680624,
 'zsm2':   0.61817647577506542
 'zsm3':   0.70642801108467435,}
```

该照片上的人是 meimei。

事实上，这是同一人在不同场合的照片，如图 11.11 所示。

(a) 候选的 meimei.jpe   (b) 测试的 test.jpe

图 11.11　同一人在不同场合的照片

视频讲解

11.4　机器学习案例3：智能语音聊天机器人

聊天机器人是一个用来模拟人类对话或聊天的程序。聊天机器人的工作原理是：研发设计人员把很多感兴趣的回答放到聊天语料库中，当一个问题被抛给聊天机器人时，它通过人工智能算法，从语料库中组合出最贴切的答案，回复给它的聊伴。聊天机器人还能通过自学习，不断丰富和充实回答问题的语料库。

11.4.1　简单智能聊天机器人设计

下面以"图灵"机器人为例，介绍智能聊天机器人的设计方法。

1. 注册账号获取 apikey

登录"图灵"机器人平台官方网站 http://www.turingapi.com，注册一个账号后，可以申请创建机器人项目，获得免费使用的 apikey。

2. 使用 JSON 数据格式

"图灵"机器人的 API 接口使用 JSON 数据格式构建报文，例如：

```
tuling_data = json.dumps({
"perception": {   # 请求信息参数
        "inputText":{"text": question},   ← 输入信息封装成字典后，再转换成字符串，传给图灵机器人语义系统
},
"userInfo": {    # 用户身份信息
        "apiKey": "88210053bc89400abeca4b1b3a548691",   ← 申请的 apikey
        "userId": "1001"  # 自定义 userId, 可以任意设置
}
})
```

3. 智能聊天机器人程序示例

【例 11.7】 编写一个简单的智能聊天机器人程序。

程序代码如下：

```
from time import sleep
import requests
import json

question = input("我: ")
TULING = '小鞠'
while True:
    tuling_data = json.dumps({
    "perception": { # 请求信息参数
        "inputText":{"text": question}, # 输入的对话信息
    },
    "userInfo":      # 用户身份信息
    {
```

```
        "apiKey": "88210053bc89400abeca4b1b3a548691",    ← 更换为读者申请的
        "userId": "1001"      # 自定义 userId，可以任意设置      apikey
}
})
tuling_api_url = 'http://www.tuling123.com/openapi/api/v2'
t = requests.post(tuling_api_url, data=tuling_data) # 通过 post 传递信息
message = json.loads(t.text)['results'][0]['values']['text']
                                              # 返回图灵机器人的对话
print(TULING + ':' + message)
sleep(1)              #设置循环延迟
question = input("我: ")
if question.lower() == 'q':      ← 按'q'键退出，结束聊天
    exit(0)
```

程序运行结果如图 11.12 所示。

图 11.12　与简单的智能聊天机器人对话

11.4.2　智能语音机器人项目开发环境的搭建

下面介绍智能语音机器人项目的开发设计，首先需要搭建 Python 开发智能语音聊天机器人所需要的开发环境。

1. 智能语音聊天机器人项目的设计目标及流程

（1）设计目标：实现语音对话聊天，不需要输入文字交流，真正实现语音交互对话。

（2）项目设计过程的实现流程为：用户说一句话，通过录音保存为语音文件，然后调用百度 API 实现语音转换为文本，再调用图灵机器人 API 将文本输入得到图灵机器人的回复，最后将回复的文本转换为语音输出，这样就实现了和机器人的语音对话，如图 11.13 所示。

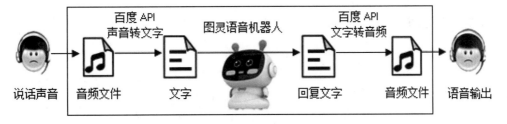

图 11.13　智能语音聊天机器人的设计流程

2. 搭建 Python 智能语音机器人项目开发环境

设计智能语音聊天机器人，需要安装一些必要的 Python 模块。搭建智能语音聊天机器人的开发环境，需要的模块如下：

（1）speech_recognition（语音识别包）；

（2）pyaudio（音频接口模块）；

（3）wave（打开录音文件并设置音频参数）；

（4）pyttst3（文本转换为语音）；

（5）json（解析 JSON 串）；

（6）requests（以 GET/POST 方式传递数据）；

（7）baid_aip（百度语音识别的 AIP）。

3. 百度 API 的 key 申请

登录百度账号，打开网址 https://ai.baidu.com/tech/speech，通过创建一个应用，获得免费使用的 AppID、API Key 及 Secret Key，如图 11.14 所示。

	产品服务 / 语音技术 - 应用列表			
	应用列表			
	＋ 创建应用			
	应用名称	AppID	API Key	Secret Key
1	TTS_test1	18074153	Ec5kst8xbA98dR4psrVBw5DC	******* 显示

图 11.14　申请百度应用的 key

4. 安装语音生成音频文件模块

语音生成音频文件需要进行录音，将用户说的话保存为音频文件，为了便于后期处理，将其文件保存为 wav 格式。

1）下载音频接口模块 pyaudio 安装包

打开网址 https://www.lfd.uci.edu/~gohlke/pythonlibs/#pyaudio，找到与 Python 版本相同 pyaudio 安装包，例如，PyAudio-0.2.11-cp38-cp38m-win_amd64.whl，其中 cp38 代表 Python 的版本号 3.8。

进入 pyaudio 安装包目录，使用 pip 安装，其命令为：

```
pip install PyAudio-0.2.11-cp38-cp38m-win_amd64.whl
```

2）安装 speech_recognition 语音识别包

直接使用 pip 安装 speech_recognition 语音识别包，其命令为：

```
pip install speechrecognition
```

11.4.3　录制音频文件

下面介绍两种不同的录制音频文件方法。

1. 使用 speech_recognition 包录音

使用 speech_recognition 包进行录制音频文件，这种方法录音的效果比较好，而且代码量非常少。

【例 11.8】　编写一个使用 speech_recognition 包进行录制语音文件的程序。

程序代码如下：

```python
import speech_recognition as sr

def my_record(rate=16000):          # 采样率为 16000, 即每秒获取信号 16000 次
    r = sr.Recognizer()
    with sr.Microphone(sample_rate=rate) as source:
        print("please say something......")
        audio = r.listen(source)

    with open("t_voices1.wav", "wb") as f:
        f.write(audio.get_wav_data())
    print("录音完成！")

if __name__ == '__main__':
    my_record()
```

运行程序，将用户输入的语音保存为 t_voices1.wav 文件。

2.　使用 pyaudio 包录音

Python 的 pyaudio 包可以用于录音、播放、生成 wav 文件等。使用 pyaudio 包录制音频文件，需要用 pip 安装 wave 模块。

【例 11.9】　写一个使用 pyaudio 包进行录制语音文件的程序。

程序代码如下：

```python
import wave
import time
from pyaudio import PyAudio, paInt16

framerate = 16000                    # 采样率
num_samples = 2000                   # 采样点
channels = 1                         # 声道
sampwidth = 2                        # 采样宽度为 2B
wfile = 't_voices2.wav'

def save_wave_file(filepath, data):
    wf = wave.open(filepath, 'wb')
    wf.setnchannels(channels)
    wf.setsampwidth(sampwidth)
    wf.setframerate(framerate)
    wf.writeframes(b''.join(data))
    wf.close()

# 录音
def my_record():
    pa = PyAudio()
    # 打开一个新的音频 stream
    stream = pa.open(format=paInt16, channels=channels,
```

```
                    rate=framerate, input=True, frames_per_buffer=num_samples)
    my_buf = []                          # 存放录音数据
    t = time.time()
    print('正在录音...')

    while time.time() < t + 10:          # 设置录音时间（秒）
        # 循环 read,每次读 2000 帧
        string_audio_data = stream.read(num_samples)
        my_buf.append(string_audio_data)

    print('录音结束.')
    save_wave_file(wfile, my_buf)
    stream.close()

if __name__ == '__main__':
my_record()
```

运行程序，将用户输入的语音保存为 t_voices2.wav 文件。

11.4.4 将语音转换为文字

语音转换为文字（Speech to Text，STT）是指计算机自动将人类的语音内容转换为相应的文字内容。下面介绍应用百度的语音识别 API 接口将语音转换为文字的方法。可以直接使用 pip 安装百度的语音识别 API 接口包，其命令如下：

```
pip install baidu_aip
```

【例 11.10】 写一个能将语音转换为文字的程序。

程序代码如下：

```
from aip import AipSpeech

def listen():
    # 读取录音文件
    with open(path, 'rb') as fp:
        voices = fp.read()
    try:
        # 参数 dev_pid: 1536 为普通话，16000 为采样率
        result = client.asr(voices, 'wav', 16000, {'dev_pid': 1536, })
        result_text = result["result"][0]
        print("you said: " + result_text)
        return result_text
    except KeyError:
        print("KeyError")

if __name__ == '__main__':
    APP_ID = '15837844'
    API_KEY = '411VNGbuZVbDNZU78LqTzfsV'
    SECRET_KEY = '84AnwR2NARGMqnC6WFnzqQL9WWdWh5bW'
    client = AipSpeech(APP_ID, API_KEY, SECRET_KEY)
```

更换为读者申请的百度 key

```
        path = 't_voices1.wav'
        listen()
```

运行程序，语音文件 t_voices1.wav 中保存的语音被用文字显示出来。

11.4.5　将文字转换为语音

文字转换为语音（Text to Speech，TTS）是语音合成应用的一种，它可以将文字内容转换为自然语音输出。下面介绍应用百度的语音合成模块实现 TTS 的编程方法。

【例 11.11】　把文字"荷塘月色"转换为语音文件。

程序代码如下：

```
from aip import AipSpeech
import os

def text2audio(text):
    result = client.synthesis(text, 'zh', 1, {
            'vol': 5,    # 音量，取值 0～15，默认为 5，中音量
            'per': 4,    # 发音人选择，0:女声，1:男声，默认:女声
            'spd': 4,    # 语速，取值 0～9，默认为 5，中语速
            'pit': 7,    # 音调，取值 0～9，默认为 5，中语调
            })
    # 识别正确则返回二进制的语音数据，识别错误则返回错误码
    if not isinstance(result, dict):
        print(result)
        with  open('test1.mp3', 'wb') as f:
            f.write(result)

if __name__ == '__main__':
        APP_ID = '15837844'
API_KEY = '411VNGbuZVbDNZU78LqTzfsV'
        SECRET_KEY = '84AnwR2NARGMqnC6WFnzqQL9WWdWh5bW'
        client = AipSpeech(APP_ID, API_KEY, SECRET_KEY)    # 实例化

        text = '荷塘月色'
        text2audio(text)
```

> 更换为读者
> 申请的百度 key

运行程序，将生成一个名为 test1.mp3 的音频文件。用音频播放器播放这个音频文件，将听到播放"荷塘月色"的语音。

11.4.6　智能语音对话机器人

下面按照前面图 11.13 所示的设计流程，编写智能语音聊天机器人的程序。

【例 11.12】　编写一个智能语音聊天机器人程序。

程序代码如下：

```
from aip import AipSpeech
import requests
import json
import speech_recognition as sr
import os

# 1. 语音生成音频文件,录音并以当前时间戳保存到 voices 文件中
def audio_record(i):
    rate=16000                          # 采样率为 16000,即每秒获取信号 16000 次
    r = sr.Recognizer()
    with sr.Microphone(sample_rate=rate) as source:
        print("please say something")
        audio = r.listen(source)
    fileName = "voice\\t_voices" + str(i) +".wav"
    with open(fileName, "wb") as f:
        f.write(audio.get_wav_data())
    return fileName

# 2. 音频文件转换为文字: 采用百度的语音识别 python-SDK
APP_ID = '15837844'
API_KEY = '411VNGbuZVbDNZU78LqTzfsV'
SECRET_KEY = '84AnwR2NARGMqnC6WFnzqQL9WWdWh5bW'      百度语音识别 API 配置参数
client = AipSpeech(APP_ID, API_KEY, SECRET_KEY)


def listen(audio):
    with open(audio, 'rb') as fp:
        voices = fp.read()                      读取录音文件
    try:
        # 参数 dev_pid: 1536 普通话(支持简单的英文识别)
        result = client.asr(voices, 'wav', 16000, {'dev_pid': 1536, })
        result_text = result["result"][0]
        print("我说: " + result_text)
        return result_text
    except KeyError:
        print("KeyError")
        text2audio("我没有听清楚,请再说一遍...")        # 文本转换为语音

# 3. 与机器人对话: 调用的是图灵机器人                      图灵机器人的
turing_api_key = "88210053bc89400abeca4b1b3a548691"       API_KEY 和网址
api_url = "http://openapi.tuling123.com/openapi/api/v2"
headers = {'Content-Type': 'application/json;charset=UTF-8'}
# 图灵机器人回复
def Turing(text_words=""):
    req = {
        "reqType": 0,
```

```
        "perception": {
            "inputText": {
                "text": text_words
            },
        },
        "userInfo": {
            "apiKey": turing_api_key,
            "userId": "OnlyUseAlphabet"
        }
    }

    req["perception"]["inputText"]["text"] = text_words
  response = requests.request("post", api_url, json=req, headers=headers)
  response_dict = json.loads(response.text)
    result = response_dict["results"][0]["values"]["text"]
  print("机器人说: " + result)
    return result


# 4. 文本转换为语音
def text2audio(text, ansName):
    result = client.synthesis(text, 'zh', 1, {
        'vol': 5,       # 音量, 取值0~15, 默认为5, 中音量
        'per': 4,       # 发音人选择, 0:女声, 1:男声, 默认:女声
        'spd': 4,       # 语速, 取值0~9, 默认为5, 中语速
        'pit': 7,       # 音调, 取值0~9, 默认为5, 中语调
    })
    if not isinstance(result, dict):
        with  open(ansName, 'wb') as f:
            f.write(result)
```

> 识别正确则返回语音数据，识别错误则返回错误码

```
# 5. 语音合成, 输出机器人的回答
if __name__ == '__main__':
i = 0
audioName=''
ansName=''
while True:
        i = 1 + i
        audioName = audio_record(i)          # 录制语音文件
        request = listen(audioName)          # 语音转换为文本
        response = Turing(request)           # 输出机器人的回答
        ansName = "voice\\voices" + str(i) +".mp3"
        text2audio(response, ansName)        # 文本转换为语音
        os.system(ansName)                   # 系统自动打开音频播放器
        if i == 10:                          # 对话10次后, 结束聊天
            exit(0)
```

至此，完成了构建一个完整的语音对话机器人的设计，你可以跟机器人聊天了。对话的语音文件保存在事先已经创建的 voice 目录下。

习　题　11

1. 参照例 11.6，编写一个人脸识别的图形化窗体程序。
2. 参照例 11.7，编写一个用户与智能聊天机器人对话的图形化窗体程序。

图书资源支持

感谢您一直以来对清华版图书的支持和爱护。为了配合本书的使用,本书提供配套的资源,有需求的读者请扫描下方的"书圈"微信公众号二维码,在图书专区下载,也可以拨打电话或发送电子邮件咨询。

如果您在使用本书的过程中遇到了什么问题,或者有相关图书出版计划,也请您发邮件告诉我们,以便我们更好地为您服务。

我们的联系方式:

地　　址:北京市海淀区双清路学研大厦 A 座 714

邮　　编:100084

电　　话:010-83470236　　010-83470237

客服邮箱:2301891038@qq.com

QQ:2301891038(请写明您的单位和姓名)

资源下载:关注公众号"书圈"下载配套资源。

资源下载、样书申请

书圈

获取最新书目

观看课程直播